从理论到实践：
建筑工程管理策略探究

杨　娜◎著

吉林科学技术出版社

图书在版编目（CIP）数据

从理论到实践：建筑工程管理策略探究 / 杨娜著
. -- 长春：吉林科学技术出版社，2023.7
　ISBN 978-7-5744-0768-8

　Ⅰ．①从… Ⅱ．①杨… Ⅲ．①建筑工程－工程管理－
研究 Ⅳ．①TU71

中国国家版本馆CIP数据核字（2023）第156786号

从理论到实践：建筑工程管理策略探究

著	杨　娜
出 版 人	宛　霞
责任编辑	李玉玲
封面设计	梁　晶
制　版	梁　晶
幅面尺寸	185mm×260mm
开　本	16
字　数	100 千字
印　张	8.25
印　数	1–1500 册
版　次	2023年7月第1版
印　次	2024年2月第1次印刷

出　版	吉林科学技术出版社
发　行	吉林科学技术出版社
地　址	长春市福祉大路5788号
邮　编	130118
发行部电话/传真	0431-81629529 81629530 81629531
	81629532 81629533 81629534
储运部电话	0431-86059116
编辑部电话	0431-81629518
印　刷	三河市嵩川印刷有限公司

书　号	ISBN 978-7-5744-0768-8
定　价	75.00元

前　言

近年来，随着我国建筑业的迅猛发展，建筑施工企业的状况良莠不齐，建筑行业中存在着很多的问题，而这些问题必须及时地进行解决，只有这样，才能保证我们的施工质量，保障人们的生命财产安全，提高我国的建筑水平。在建筑行业，有一个很重要的项目就是建筑工程施工管理，是整个建筑企业的精华所在。只要管理得好，我们的建筑企业就能够顺利地发展，也能保证施工的质量，为我们的企业赢得经济效益；但是如果管理不善，就会使得建筑企业存在诸多的问题，质量得不到保证，并带来一系列的弊端，同时我国建筑行业的发展也会受到影响。所以在建筑施工的过程中，我们一定要加强建筑经济的管理。针对这种情况，本书就紧紧围绕"从理论到实践：建筑工程管理策略探究"这一主题展开论述。

本书第一章为建筑工程项目资源管理，分别介绍了资源管理概述、人力资源管理、材料资源管理以及设备资源管理四个方面的内容；本书第二章为建筑工程项目成本管理，主要介绍了三个方面的内容，分别是项目成本管理概述、项目成本预测与计划以及项目成本控制；本书第三章为建筑工程施工管理，依次介绍了两个方面的内容，分别是施工质量管理概述以及工程质量控制与监理；本书第四章为建筑工程风险管理，主要介绍了两个方面的内容，分别是风险管理概述以及建筑工程风险管理措施。

编写本书时，作者得到了众多专家学者的帮助和建议，参考了大量的学术文献。在此，我要表示诚挚的谢意。本书内容系统完整，论述清晰明了，但由于作者水平有限，书中难免有疏漏。我希望大多数相关爱好者能及时纠正我。同时，作者也希望通过本书，让更多的人能够了解这方面的内容，进而让其他人加入学习与研究开发的大家庭中。

目　录

第一章　建筑工程项目资源管理

本章的主要内容是建筑工程项目资源管理，分别介绍了资源管理概述、人力资源管理、材料资源管理以及设备资源管理四个方面的内容。期望能够通过作者的讲解，提升大家对相关方面知识的掌握。

第一节　资源管理概述

一、相关概念

（一）资源

资源，又称生产要素，是指生产产品所需要的各种要素，即构成生产力的各种要素。建设项目资源通常是指投入建设项目的人力资源、材料、机械设备、技术、资源等各种要素，是完成建设任务的重要手段，是建设项目完成的重要保障。

（二）人力资源

人力资源是指在特定时间和空间条件下工作的数量和质量的总和。劳动力一般指可能从事生产活动的体力劳动者和白领工人。它是建设活动的主体，是贡献生产力的主要因素，也是最活跃的因素，具有主观能动性。

人力资源掌握生产技术，运用劳动资料，影响劳动对象，创造生产力。

（三）材料

材料是指在制造过程中增加人工的材料，包括原材料、设备和周转材料。通过它的"转化"创造出各种产品。

（四）机械设备

机械设备是指在生产过程中用于改变或影响工作项目的一切物质代理，包括机器、设备、工具和仪器。

（五）技术

技术是指人类在科学改造自然和社会的生产和实践中积累的知识、技能、经验和工作资料。包括操作技能、劳动手段、劳动素质、生产工艺、试验控制、管理程序和方法等。

科学技术是生产力的第一要素，科学技术水平决定和反映生产力水平。当科学技术为劳动者所掌握，并融入到工作的对象和手段中时，就可以创造出与科学技术相当的生产力水平。

（六）融资

在商品生产条件下，要开展生产活动，发挥生产力作用，进行劳动对象的改造，就必须有资金。资金是特定货币和物资价值的总和，是一种流通手段。劳动对象、劳动资料和投入生产的劳动，只有付出一定的资金才能获得，生产者只有在收到一定的资金后，才能向使用者出售产品，从而维持或扩大再生产活动。

（七）建设项目资源管理

建设项目资源管理是根据建设项目的一次性特点和自身规律，对项目实施过程中所需的各种资源进行优化配置，实施动态控制，高效利用，减少资源消耗的系统化管理方法。

二、建设项目资源管理内容

建设项目资源管理包括人力资源管理、物资管理、机械设备管理、技术管理、资金管理等。

（一）人力资源管理

人力资源管理是指为在项目中充分开发和利用人力资源，采取计划、组织、指挥、监督、协调、控制等有效的手段和措施，以实现既定目标而进行的一系列活动的总称。建设项目的目标。

目前，我国企业或项目经理在人事管理上引入了竞争机制，用工形式多种多样，包括固定工、临时工和属于分包商的合同工。项目经理部人力资源管理的重点是加强服务人员的教育培训，提高综合素质，加强思想政治工作，明确问责制，调动员工积极性，强化业务操作。控制服务人员工作质量，提高工作效率，以保证工作质量。

（二）材料管理

材料管理是指项目管理部门为圆满完成工程施工任务而实施的物资计划、订单采购、运输、库存入库、交货加工、使用、回收等一系列组织管理工作。该项目。

材料管理的重点在施工现场，项目经理要制定合理的规章制度，严格存放，减少浪费，努力降低工程成本。

（三）机械设备管理

机器设备管理是指项目经理根据所执行的任务，对施工机械进行优化选择和配置，合理使用、维护和维修各项管理任务。机械设备管理包括选型、运行、维护、修理、改造、更新等多个环节。

机械设备管理的关键是提高机械设备的运行效率和完整性，落实责任制，严格按照操作规程，加强机械设备的使用、保养和维修。

（四）技术管理

技术管理是指项目经理运用系统的观点、理论和方法，对项目的技术要素和技术功能进行规划、组织、监督、指挥和协调的全过程管理。

技术要素包括技术人员、技术装备、技术规程、技术资料等；技术运行的过程是指技术规划、技术应用、技术评价等。技术运行不仅取决于技术本身的水平，而且在很大程度上取决于技术管理的水平。没有完善的技术管理方式，先进的技术就很难参与进来。

土木工程项目技术管理的主要任务是科学组织各项技术工作，充分发挥工程的作用，确保工程质量；努力提高技术工作的经济效益，使技术与经济有机结合。

（五）资金管理

从流程上看，钱首先是出资，即募集的资金用于规划项目，其次是使用，即支出。资金管理，即财务管理，是指项目经理在项目建设过程中按照资金流动规律，制定资金计划、筹集资金、投入资金、使用资金、核算和分析资金等管理工作。项目。项目资金管理的目的是保收、节支、防范风险、提高财务效益。

三、建筑工程项目资源管理的重要性

建筑项目资源管理最根本的意义在于借助市场调研合理配置资源，加强项目管理过程中的管理，以较小的投资获得较好的经济效益。具体体现在以下几点：

（1）优化资源配置，即适时、适量、适度、适地配置或投入资源，以满足项目需要。

（2）优化资源组合，使投入项目的各种资源相互契合，在项目中发挥协调作用，有效形成生产力，及时、胜任地产出产品（项目）。

（3）进行动态资源管理，即根据项目的内在规律，有效地计划、组织、协调和指挥各种资源，使其在项目中合理流动，在动态中寻求平衡。动态控制的目的和出发点是优化配置和组合，动态控制是优化配置和组合的手段和保证。

（4）在建设项目运作中，合理、节约地使用资源，降低工程成本。

四、建筑项目资源管理中最重要的环节

（一）制定资源配置方案

制定资源配置计划的目的是根据业主的需要和合同要求，合理安排不同资源的投入量、投入时间和投入阶段，使其满足计划实施的需要。建筑项目。设计是优化组装和组合的一种方式。

（二）资源供给

为保证资源的可得性，根据资源配置方案，专人组织资金来源，优化选择并投放到建设项目中，使计划得以实施，满足项目需求可以保证。

（三）节约资源利用

根据不同资源的特点，科学分配组合，协调投入，合理使用，不断纠偏，节约资源，降低成本。

（四）资源使用核算

通过计算资源的投入、使用和产出，可以了解资源的投入和使用是否合适，最终达到节约使用的目的。

（五）分析资源使用的影响

一方面总结管理效果，发现经验和问题，评价管理活动，另一方面为管理提供备份和反馈信息，指导今后（或下一个周期）的管理工作。

第二节 人力资源管理

一、相关概念界定及理论基础

（一）相关概念的界定及原则

1.人力资源的概念界定

学术界对于人力资源概念的界定存在一些差异，彼得.德鲁克在其著作《卓越的管理者》中是这样解释人力资源的，与其他资源相比，人作为资源是具有其自身特点的，那就是人是灵活、多变且具备主观能动性，因此，对于人的管理相对其他资源的管理要复杂得多，这需要管理者具备组织、协调、决断及创新的能力，只有这样才能管好人力资源。我国学者姚裕群则从另一个角度对该定义进行分析，其著作中对人力资源的定义可以简单地理解为一定范围内劳动力的集合，其作用在完成特定任务并推进社会进步和经济的发展。

由此可见，不同学者从不同角度出发，对人力资源概念的理解也各具特点。本章节的研究对象为建筑公司工程管理中的人力资源，结合上述学者的观点，笔者将工程项目中人力资源的定义理解为：人力资源无论在什么行业都具备共同的特征，为了保证工程项目的完成进度和质量，需要对项目所需要的相关人员进行分析，这些人员可以统称为人力资源。

2.人力资源配置的概念界定

人力资源配置是为了达到预定的生产目标，通过将人力资源同其他生产要素进行组合搭配的过程。可以简单地将人力资源配置理解为人员的合理安排，而所谓的合理就是如何让人力资源与其他生产要素更好地搭配，更好地实现资源不浪费，提高工作人员的工作效率，从而更好地实现预期目标。

但由于人力资源本身具有很多不确定性，人的能动性较强且有别于其他资源，这导致了人力资源的配置实际上一个复杂的过程，是需要权衡多方面的因素之后，才能达到一个最为合理的配置。

具体而言，人力资源配置可以根据不同工作内容，从工作方式、人员结构设置、人员数量安排等方面进行安排与调配，因此，人力资源配置是贯穿于整个管理活动中的，随着工作内容和阶段性目标的变化而不断优化配置的过程。人员配置的效用高低直接影响了企业能否在激烈竞争中实现可持续发展，因此，人力资源配置企业在生产过程中需要重视人力资源配置，因为合理的人力资源配置不仅可以提高员工的工作效率，而且有利于节约其他方面的资源，进而达到提高企业竞争力的目的。

3.人力资源配置的原则

合理地安排人力资源配置虽然是一个复杂的过程，但其同样遵循了一定的原则，在这些原则的约束下，企业才可能将其人力资源配置的更理想。具体有以下五点原则：

（1）优势定位原则

人和人是有区别的，其表现在每个人的优点和缺点是各具特色的，因此，人力资源配置是否合理的第一原则就是优势定位原则。将每个员工的优势和劣势认清楚并进行分类，充分发挥其优势力量，进而扬长避短。

（2）灵活管理原则

事物是不断变化的，人作为一个能动性较强的生物，其也在随着年龄、思想、环境等因素的变化而不断变化着。那么这就需要不断地调整人员配置，采用灵活管理的方式，这样做不仅可以提高人的主观能动性，而且也避免了职位晋升制度所带来的混乱。

（3）内部为主原则

企业的发展主要依靠的是内部的人才，在内部人才能力有限的情况下，才需要考虑引入外部人才。因此，企业内部人才的培养与人员稳定将直接决定企业的可持续发展和竞争能力的提升，因此这也是企业重视内部人员发展的原因所在。但是坚持内部为主的原则依然需要从外部招聘新员工，以满足企业发展需要。

（4）人与岗位相匹配原则

当员工的能力与其从事的岗位相一致时，才能使员工的能力得到发挥，因此人力资源配置需要综合考虑该岗位需要具备的能力，并应将岗位具体化、层级化，从而使每一个层级的岗位都能具体到一个人或几个人，以达到充分利用每一个人的优势，并且避免了岗位的重复设置和人员的浪费。

（5）注重培养与使用并重的原则

重视人的培养是每一个企业提高其实力的保障，因此人力资源配置也应重视人员的培养，无论是老员工还是新员工，其培养都应受到重视，在此基础上，合理地安排人力资源才能发挥其最大作用。

（二）人力资源配置的相关理论

1.人力资本理论

人力资本理论主要阐述了人力资本和物质资本两个概念，并在概念界定的基础上，对比分析了人力资本和人力资源的差异性。首先在概念的界定上，物质资本可以从字面上了解其内涵，具体包括生产所需的物质条件，结合本章节研究的对象，工程项目的开展所需要的物质资本包括建筑用地、建筑材料、建筑设备等；而人力资本则是对劳动者在生产过程中的能力问题，与能力水平相关联的内容，如：劳动者所掌握的知识、技能及个人素养等方面的因素。由此可见，物质资本和人力资本的差异较为明显。

另外，人力资本理论中包括人力资本和人力资源两个概念的区别，尽管二者只是一字之差，但其内涵确实相差甚远。人力资源其主要阐述的是资源问题，而资源往往指的是存在但不一定开发的那部分资源，即：人力资源是有待开发的资源；而人力资本则是已经开发了的资源，而已开发的资源中又存在很多影响因素，比如：人的能动性、差异性和多变等特征。

2.职业——人匹配理论

该理论兴起于美国，是由著名学者帕森斯教授在其著作中总结并归纳出来的，该理论的成功之处在于，帮助求职者更好地认识自己，并选择最适合自己的职业。具体原则如下：

（1）明确且细致地自我分析

作为找工作的人而言，不能盲目地去寻找招聘的职位，而应该先认识清楚自己适合什么职位，自己在此职位上工作的优势是什么。当认清楚了自己之后，在寻找工作时就不会十分盲目。

（2）明确职业规划

职业的选择是一件较为重要的事情，因此，在选择职业的过程中要明确该职位的发展趋势，而这一趋势直接影响到求职者的职业规划，因此，只有明确职业规划才能更为清楚地认识到该职业需要具备并及时更新的知识和技术。

（3）将自我分析与职业规划相结合

自我分析旨在了解自己，而职业规划则是了解行业。只有既了解自己又了解行业的发展趋势，才能更为客观地看待求职问题。将自己和他人的观点相对比，找出其异同点，进而找到最为适合且有发展前景的职位。

从个人认识及发展的角度认清职业的选择问题后，企业应该根据该理论指导应聘者选择职业，这样做有三个层面的意义：第一，有利于帮助应聘者认清自己的能力，并就其申请的职务基于第一轮筛选；第二，有利于人与岗位匹配问题地实现了；最后，职业的发展趋势有利于职员能力的提升，为员工量身定制职业发展规划。

3.人力资源配置的技术原理

（1）要素有用原理

该原理强调每个人都用其长处，其能力都可以运用在特定的岗位上，因此企业在选拔人才和人员配置的过程中应当遵循这一原则，以达到充分利用每一个员工的优势、避开其劣势，以达到最优的人力资源配置的目的。从另一个层面来看，该理论与很多公司采用的淘汰制是相违背的，该理论认为企业不应该盲目地淘汰所谓不合格的员工，而是应该为每一个员工找到最适合的职位。

（2）能级对应原理

能级，也就是能力大小所对应的级别，换句话说每个岗位对于员工能力的要求应有明确的等级划分，具备相应的能力级别才能从事相应难易程度的工作任务。能级对应原理明确地指出了员工之间在能力上是存在差异的，这种差异的大小不仅需要管理者在日常工作生活中的仔细观察，同样也需要通过测试或检验的方式加以判断。但是由于每位员工具备的学习能力和个人素质的不同，其能力提升的速度也有所差异，因此，对于员工能力判断的结果需要及时更新，从而安排其从事最适合的工作。

（3）互补增值原理

任何人的能力虽然存在差异，但是却可以通过能力互补的方式得以实现。互补增值原理就是在能力互补的基础上提出的，企业在管理员工时应该将其看成一个整体，并需要根据其优劣势进行合理的组合，这样的组合方式不仅可以更高效地完成工作任务，还能通过团队合作精神的发挥使其效果增强。

（4）同素异构原理

同素异构指的相同的工作任务，通过不同员工的组合其完成的效率是不同的，因此这就需要企业人力资源管理能够根据工作任务完成的时间和质量等问题，及时准确地为工作进度的人员安排作出调整，使其保证各项工作都能顺利地开展并完成。

（5）弹性冗余原理

弹性冗余原理指的是企业应该灵活地管理员工及任务的完成情况。为员工的工作制定一个完成的期限，这样有利于激励员工的工作热情，但是吐过员工因为不可避免的原因或外在环境变化的原因，影响了完成的进度，是可以将其完成期限弹性调整的。比如：员工生病导致的不能按时完成工作任务就应该予以理解，并应给予员工身体健康上的关心与帮助。

（三）人力资源配置的结构与层级要求

1.人力资源配置的结构要求

人力资源之所以具有其特殊性是因为人的特殊性。企业在进行人力资源的配置时，不仅需要考虑不同员工的不同特点，而且还要考虑不同工作的不同任务，并将其完美地组合起来。对于企业来说，这一组合的过程是非常复杂且很难实现的，但是通过考虑以下因素，是可以实现人力资源配置的结构要求的。

（1）充分了解员工的能力结构

员工的能力有所不同，其适合的工作也是不一样的，因此只有了解每一位员工的优势和劣势才能更好地安排工作任务，最大程度地利用其优势，实现高效完成工作任务的目的。

（2）根据不同工作的需求安排同质结构或异质结构的群体同质结构的群体适合工作任务较为单一的情况，使得每个人都有共同的工作目标，并为其共同努力；异质结构的群体则适合从事工作任务较为复杂的情况，比如一个公司或企业的运营就需要异质结构的群体，但是具体到某一个特定部门，如销售部，则需要的是通知结构的群体。

（3）将人员结构对应到职业及行业结构中去

人员结构是企业为其安排职位的判断标准，同时也是需要考虑行业的发展方向，从而达到人员结构符合职业及行业的发展要求，进而促进个人能动性的发挥。

2.人力资源配置的层级要求

人力资源的层级配置是根据人员层级、工作内容的层级不同进行合理的岗位安排，具体表现在两个层面。

首先，岗位的设置都是有层级要求的，这也是组织结构呈现金字塔形的原因。那么对于岗位层级的划分是在战略规划的指导下，根据实际工作内容的需要设定的；其次，岗位的设定的也对人员数量和人员能力有详细的要求，严格的岗位要求也是对人员能力的层级划分，其岗位要求划分得越细，其筛选的人员就越有可能符合这一岗位的工作要求。

（四）工程项目管理的相关理论

1.工程项目的相关概念界定

（1）工程项目的概念界定

工程项目主要针对工程开展过程中遇到的产品质量及服务等方面内容提供辅助工作，因此工程项目对该工程制定了详尽的开始时间和完成时间，对工程所需要的成本进行预算并明确工程完成的质量要求。因此，工程项目具备明确的目标且限定了完成时间、成本及质量，此外，工程项目是一个较为复杂的过程，其实施过程中涉及的人员较多，因此组织结构较为复杂。项目的建设中面对着多样化复杂因素，这种复杂是由项目建筑体的流动性、项目部的非长久性等的复杂造成的，在这种多变环境里进行治理管束，实现项目人力的优化配置，是一件复杂且艰巨的任务，具有挑战性。

（2）项目管理的概念界定

项目管理是针对项目所需资源进行管理与分配的过程，其具体包括五个阶段，即：项目的开始、计划、实施、控制与完成，在此基础上将项目的具体要求贯穿于整个管理过程中，以达到控制项目完成进度与质量的监管。项目管理的目的在于实现各方对项目的要求，通过五个阶段的管理，使其形成一个有机统一的系统，这样的循环对把控好项目的工作可以起到有效的作用。

2.工程项目管理的概念及特征

（1）工程项目管理的概念

工程项目管理属于项目管理细分后的一个组成部分，其主要针对的是工程项目特点开展的管理活动。对于工程项目的管理而言，除了考虑每个项目不同的特点外，还应根据这些特点制定较为有效的管理方式方法，从而更好地实现工程项目的统一管理。

（2）工程项目管理的特征

①管理主体的多样化

工程项目与其他项目一样，都可能受到经济环境、政策环境以及自然环境等外在因素的影响，但归结到工程项目管理的内在因素，工程项目的管理与一般项目的管理有所区别，其管理主体是来自多方面，主要包括业主、承包商及项目经理，他们都在该工程的开展过程中起到监督和管理的作用。

②客体的复杂性

工程项目的客体指的是工程项目根据预定项目进度所需要开展的具体工作，由于工程项目的开展过程是一个较为复杂的过程，且每个阶段工作完成后与下一阶段工作需要进行衔接，而这一衔接过程是一个较为复杂的过程，因此工程项目的建设不仅需要考虑复杂变化的内外因，还应针对这一复杂性给予人力的优化配置，这也是工程项目顺利开展的重点与难点。

③目标责任的清晰性

工程项目在计划阶段就应形成较为明确的阶段性目标，为了让阶段性目标更容易实现，建立最为详细的具体要求就尤显重要，具体表现在每个阶段目标需要的资源、成本及人员具体工作的安排，只有这样才能将每一个工作的责任划分清楚，更容易实现总体目标。

3.工程项目管理中人力资源配置

人力资源配置是工程项目管理过程中最为重要组成部分之一，通过人力资源配置将有限的员工根据工作的不同进行合理的搭配与组合，以实现保质保量地按时完成工程项目为目的。

然而工程项目有别于其他项目，其复杂性决定了工程项目管理中人员配置的特殊性，具体如下：

（1）动态性

由于工程项目的周期较短，这使得每个项目的人员配置也存在较大差异，当一个项目完成后，该项目的人员就完成了其工作，并开始从事新的项目，新项目由于其具体要求不同，对于人的需求也不同，因此就需要对人力资源进行重新配置，因此，工程项目中人力资源配置具备动态性的特征。

（2）专业性

工程项目是一个多种学科组成的体系，因此工程项目需要根据其任务的不同招聘不同类型的专业人才。另外，对于工程项目而言，其管理人员还应了解其工程项目相关的知识才能更好地实现人员配置，因此其人员配置更具专业性。

（3）灵活性

工程项目的开展需要较为琐碎的工作内容，为了不浪费人力资源，其存在人力资源配置的灵活性。其灵活安排人员除了根据人员能力外，也要考虑其工程进度的要求。

④团队合作性

工程项目在人力资源配置上必须遵循团体合作的原则，因为只有团队合作才能整合团队成员的优势与劣势，使项目可以高效、高质量地完成。另外，团队合作也有利于企业文化的建设及员工间感情的培养，使其更有归属感，从而实现人员的稳定。

二、建筑公司工程项目人力资源配置的优化建议

（一）优化的思路及目标

通过对建筑公司项目工程人力资源配置进行优化，希望可以达到以下几个目标。首先，提升员工的岗位胜任能力；通过阶段性培训提升员工的个人素养及技术水平，并根据员工的实际工作能力安排岗位，以达到调动员工积极性、避免人员的流失的目标；其次，提升建筑公司的整体实力；通过人员配置的优化与管理，可以更加充分利用好人力和物力，为公司节约成本的同时也在推进公司整体实力的提升，为建筑公司在建筑行业激烈的竞争中获取一席之地；最后，为实现建筑公司战略发展目标奠定基础。建筑公司通过优化人力资源管理，建立项目人力资源部，帮助员工树立与公司相一致的奋斗目标，从而进一步推动了建筑公司战略发展目标的实现。

（二）优化的原则与方法

1.优化的原则

（1）战略原则

公司的战略发展规划的制定直接影响到其发展进程与发展速度。对于建筑公司而言，发展面临的市场竞争是日益激烈的，那么如何能不被市场淘汰并实现建筑公司的可持续发展？这就需要建筑公司要根据自身优势，吸引更多人才的加入，提升其人力资源配置与管理的水平，进而提高其综合实力，实现其战略发展目标。

（2）实效性原则

建筑公司不仅需要注重人力资源配置与管理工作，而且必须要让人力资源配置与管理最大程度的发挥其作用，因此，在管理过程中，必须要根据建

筑公司不同项目的实际需要制定管理的重点内容，并让员工参与到人力资源配置与管理目标的制定中去，根据员工可以接受的方式进行管理，以保证其管理效果，进而形成一个良性的循环。

（3）专业化原则

由于建筑行业的竞争较为激烈，因此应充分发挥其优势，扬长避短在中小型建筑公司的竞争中寻求发展，这就需要专业化的管理。建筑公司应该吸引专业化水平较高的人力资源管理人员，并聘请资深专家为各其项管理制度的制定把关。只有建立起专业化程度较高的薪酬管理制度、绩效管理制定和培训制度，才能让与员工的能力得到最大程度的发挥，避免人力资源浪费的同时还可以更好地提升员工的个人素养和技术能力，从而更好地弥补公司发展所需要的人才。

（4）持续改进原则

对于各行各业的人力资源管理而言，其已经形成的规章制度和管理方法都不可能一直不变，尤其对于建筑行业而言，随着技术的发展，其发展速度日新月异。因此，对于建筑公司而言，其人力资源配置与管理也同样需要不断的完善与改进，只有这样才能更好地适应公司内部和外部发展所带来的变化。

2.优化的方法

为了更好地实现建筑公司人力资源配置与管理的优化，选择正确的优化方法尤显重要。笔者认为可以首先通过了解项目的具体需求，对其所需人员数量及岗位设定进行一个预判；在此基础上，结合人力资源配置与管理的经验，给出一个相对合理的岗位设置及人员数量安排；最后，利用综合平衡方法，在项目开展的不同阶段对人员及岗位设置进行调整。

（1）对项目所需人力资源的预判

建筑公司应从项目开展的内部需要着手，对于内部人力资源数量的预测应该做到具体化。在此基础上，需要考虑到项目开展过程中可能受到的外部影响因素，如：是否需要外包工程队？是否有合适的备选施工队伍？结合内部与外部因素，人力资源部将对该项目需要的人力资源数量进行预判，预判的主要目的是更顺利地完成工程项目。在对项目人力资源进行预判后，人力资源部可以根据其积累的经验，基本确认项目在各个岗位上的设定与人员安排。

（2）达到项目需求与人力资源设定的平衡

对于建筑项目而言其周期性决定了人力资源的配置要根据项目的不同发展阶段及时做出调整，这也是考虑到项目开展过程中的人员需求与供给是需要保持平衡的，如果打破了这一平衡就会出现人员的短缺或冗余。只有综合平衡才能在不浪费人力和物力的基础上，更好高效地完成项目。

（三）优化的具体建议

1.对工程项目组织结构进行优化

不同的工程项目由于其需要的人员不同且在工程进展中的管理过程不同，其所需要的人力资源的配置与管理也应有所区别，因此，需要优化工程项目的组织结构，通过增加项目人力资源管理部的方式，实现人员的合理分配并不断的激励员工的工作积极性，达到根据员工能力分配岗位，以实现不浪费人力和物力为目的。对于双重领导且缺少项目中的人力资源配置管理机构的现象，需要增设人力资源配置管理部，并通过人力资源配置管理部明确工程项目的负责人的职责。

（1）增设项目人力资源配置管理部

部分建筑公司并没有针对具体工程项目设立项目人力资源管理部，而是公司人力资源部对各个项目进行人员安排。这样的做法容易出现项目人员的规划与实际需求不符合的现象，尤其是随着工程项目的开展，出现的情况是很难预料的，因此，工程项目中单独设立人力资源配置管理部门是意义重大的。

（2）项目人力部门的设置要求及其负责的主要工作

单独设立项目人力资源配置管理部门同样需要符合以下要求的，首先，要配备专属的人力资源管理人员，该人员必须要具备专业知识；其次，要对项目的流程十分熟悉。只有熟悉工程项目各个阶段所需要的人员数量和要求，才能更好地安排最适合的人员参与其中；另外，该管理人员还要在管理过程中不断地发现和解决问题，根据项目需要和建筑行业技术发展需要组织人员的培训工作，从而不断提升员工的个人素养和专业技术水平，具体负责的工作如下：

①根据项目需求不断地调整人员配置

工程项目由于其各个发展阶段所需要的人员数量是不同，因此要根据项目的需要不断地调整人员的配置。比如，在项目开展的初级阶段，要有专业性较强的技术人员将项目发展可能遇到的问题进行分析，这一阶段对于工人的需求量是基本符合项目规划的；但随着项目发展进入中期阶段，一些之前没有预料到的问题出现的，这就需要增加相关人员的数量，这时就需要快速地调整人员的配置，如果遇到工人数量不够的现象，可以采用外包的方式加以解决；随后，在项目接近尾声时，如果项目能如期完工，则无需增加员工数量，且可以考虑减少一些员工的数量。

②有针对性地进行人员的合理配置

在人员的安排上要充分考虑该岗位对于技术水平和工作经验积累的具体要求，在此基础上，根据员工的实际工作能力来分配具体岗位，要让每一位员工都能在各自的岗位上充分发挥其能动性，因此，需要通过调整岗位的方式让员工觉得该岗位是具有挑战性的，只有这样才能更好地激励员工的工作积极性。

③尽最大限度保证人员的稳定性

当一个工程项目已经进行了相关人员的岗位分配后，项目人力资源管理人员要尽量避免人员的流动，也就是要尽量保证人员的稳定性，以保证项目的顺利开展同时，还能更好地培养现有人员的团队合作精神，从而更好地完成项目的具体工作。在保证人员稳定性的过程中，不仅要靠完善的管理制度，更需要人员之间的相互理解与支持，让人员之间的感情更深厚才能更好地配合提高工作效率。

2.重视核心人才的选拔与引进工作

根据人力资源配置的要素有用原理，每个人都用其长处，其能力都可以运用在特定的岗位上，因此企业在选拔人才和人员配置的过程中应当遵循这一原则，以达到充分利用每一个员工的优势、避开其劣势，以达到最优的人力资源配置的目的。

对于建筑公司而言，其发展不仅需要拥有掌握核心技术的专门人才，而且也需要精通技术且擅长管理的核心人才，项目经理作为一个工程项目的核心领导者，其能力直接关乎整个项目能否保质保量地完成。因此，建筑公司应一方面着手在内部进行选拔并积极培训，另一方面应该借助外部招聘的方式。

（1）核心人才的内部选拔

公司核心人才的内部选拔不仅有利于激励员工的工作热情，更有利于保持人员的稳定。我们需要进一步提升建筑公司核心人才的内部选拔，该项优化必然要建立起公平的竞争环境，综合考虑候选者的个人能力、性格以及取得的成绩，并通过阶段性试用的方式，通过多方面的考核才能委以重任，只有这样才能真正选出最出色的核心人才。

此外，通过层层筛选最终选拔出的核心人才，需要老员工的帮助才能更顺利地接替退休人员的工作，因此，公司应鼓励老员工为员工做技术及管理层面的培训，将其所积累的经验传授给更多的员工，以帮助建筑公司员工技术水平的整体提升。

（2）核心人才的外部招聘

为了进一步弥补建筑公司的核心人才储备，从而更好地开展工程项目，公司可以选择借助外部招聘的方式吸引更多的人才加入，以壮大自己的人才队伍。建筑公司的学历分布不均衡，研究生、本科生学历的员工人数所占比例小，那么可以通过校园招聘、网络招聘以及人才市场招聘等方式，开展外部招聘。

在外部人才的聘用方式上，建筑公司可以根据公司的实际需求以及应聘者的面试表现，签订不同期限的合同，如：签订短期合同与项目期限合同等方式，这样做不仅有利于建筑公司更为深入地考核应聘者，同时也为公司节约了一部分支出。对于外部招聘人员的管理与现有员工是相同的，都要为其制定职业规划，让其体验到公司对其关心，从而更好地吸引更多的人才加入。

3.通过人力资源的培训提高人员素质

部分建筑公司现有员工的人员素质和学历情况与岗位需求不匹配，针对这两个问题，结合优秀企业人力资源管理案例，笔者认为可以通过开展培训的方式更好地提高建筑公司员工的人员素质，是一个较为有效的方式，需要对人力资源培训进行优化，具体表现在培训机制的完善以及员工职业规划的设计上。

（1）进一步完善培训机制

岗前培训过于形式化，而项目开展过程中进行的技术培训并没有定期开展。因此，通过了解建筑行业其他优秀公司及企业的做法，笔者认为建筑公司需要进一步完善其培训机制。

首先，要为不同员工的工作需要制定不同的培训计划，其培训周期和培训内容均有所区别；其次，保证培训内容的实用性，使员工在培训后得到知识和技能两个层面的满足；最后，制定出较为合理的培训计划，通过分析员工对培训的需求，得出每次培训的目标，并运用员工所能接受的培训形式开展，最后针对培训效果做意见的反馈，为进一步改进接下来的培训打下基础。

（2）帮助员工制定职业发展规划

建筑公司在员工职业发展规划上并不重视，这在一定程度上会导致员工的离职。那么，作为建筑公司的人力资源部门，就应该在员工入职后分阶段地帮助其进行职业发展规划，这样做不仅有利于员工明确其工作的努力方向，容易产生工作成就感，更加体现出公司对于员工的关心，使员工对公司产生归属感。

具体而言，人力资源部在帮助员工制定职业发展规划时首先要了解员工的基本情况，包括其喜欢从事的工作领域、兴趣爱好以及其现阶段的实际工作能力，在掌握这些情况之后，将其可能从事的岗位向其介绍，并帮助其做出正确的职业规划；其次，要向员工介绍建筑公司的整体发展战略，这样做不仅有利于达成员工与公司共同的奋斗目标，而且有利于人员的稳定；最后，可以通过开展职业发展规划相关培训，使员工对自己工作的未来发挥趋势更加明朗，从而帮助其设定阶段目标和长远目标。

4.工程项目人力资源动态化管理

对于工程项目而言，其人力资源配置与管理是一个动态的过程，也就是需要及时地根据项目需要进行人力资源的调整，那么如何协调好人员配置与管理的关系，就需要在职业人匹配理论的指导以及经验的积累。部分建筑公司在项目前期比较重视人员配置，但是在后期忽略人员的管理，此外，在项目分包人员的配置和管理存在漏洞，主要体现在人员的稳定性不足，人员的离职对于建筑工程项目的顺利完成是非常不利的因素。因此，建筑公司应对其人力资源动态化的管理需要进一步优化。

（1）树立人力资源配置与管理一体化理念

对于建筑公司而言，一直采用的人力资源进行项目人员的岗位设定和人员安排，但在项目开展过程中的人力资源管理确实由每个项目的负责人及管理层来完成的，这就存在着二者分离的现象。对于工程项目的人力资源动态管理就应该将人力资源配置与管理一体化，那么设立单独的项目人力资源部是可以起到较好的作用的，但在管理过程中还是需要注意以下几个问题：

①遵循"以人为本"的管理理念

根据人力资源配置的能级对应原理，工程项目的开展一定是以项目顺利完成为目标的，为了实现这一目标，项目负责人会与管理人员协商制定出工程项目阶段性的发展目标，并且要让每一位员工能清楚地了解到工程开展的进程以及完成阶段性目标自己需要做的工作有哪些，只有这样才能让每一位员工都能明确自己的工作目标，并为之努力。但是在任务的安排上，需要根据人力资源配置的弹性冗余原理，遵循"以人为本"的原则，一定要根据员工的能力大小安排相应的工作内容，不能大材小用，这样会导致员工因不满意现阶段的工作而选择离职。另外，"以人为本"也体现出管理过程中细节问题的处理上，能完成的工作未完成，必须要根据绩效与薪酬管理制度进行处罚，但如果员工真的因为无法避免的原因未能完成阶段性目标，应该予以理解，从而形成一个良好的工作氛围。

②根据项目要求灵活地展开人员配置与管理

人力资源的配置是在项目开展前，根据项目需要进行的预配置，随着项目的开展，其人员配置可能会出现问题，那么就需要在人员配置后进行管理与调整，这也体现出了人力资源配置的同素异构原理。除了考虑到项目发展的动态性特点外，还应考虑到市场需求和人员需求规律，如：项目继续人员不急却遭遇"用工荒"，这就需要对已有员工进行短期培训的方式，弥补不同岗位的技术需求。在配置与管理的同时可以通过绩效管理制度和薪酬激励制度等方式，更好地激励员工主动工作、积极工作的精神，从而形成良好的工作风气，促进项目的顺利完成。

（2）通过外包人员的管理提升人员配置的有效性

根据人力资源配置的同素异构原理，企业为了保证各项工作都能顺利地开展并完成，需要及时准确地为工作进度的人员安排作出调整。建筑公司应该通过管理提升人力资源配置的有效性，然而当项目出现人员不足时，必然要考虑项目的外包。根据人力资源配置互补增值原理，建筑公司必须对外包人员实行动态管理，具体如下分析：

①根据项目施工需求选择外包施工队

建筑公司在工程项目开展的过程中，由于人员的流动性以及突发状况的现象，需要及时的补充其劳务人员，那么就需要选择外包施工队，但是在施工队的选择上是需要根据项目需要进行人员的配置的。这样做一方面考虑到经费问题的预算，另一方面考虑到的是避免人员的浪费，因此，可以通过雇佣项目所在地周边的闲置劳动力，这样可以节省招工成本，并且有利于员工的稳定。

②利用竞争机制选择外包施工队

目前的建筑业劳动力由于建筑行业的施工队伍数量较多且鱼龙混杂，因此建筑公司可以利用竞争机制对外包施工队进行筛选。对于已经合作的外包施工队，如果合作得比较愉快且技术水平较好，则可以考虑建立长期合作的关系。

③对外包施工队实行统一管理

外包施工对主要由包工头管理，那么建筑公司需要与包工头达成统一管理的意向，这样做不仅可以更好地监控外包施工队完成项目的质量和期限，而且可以通过已有的管理制度，更好的激励外包人员的工作积极性，以达到团结合作、共同保质保量完成工程项目的总目标。

三、建筑公司工程项目人力资源配置优化的保障措施

（一）建立完善的薪酬制度

为了保证建筑公司工程项目人力资源配置的优化效果，首先需要完善建筑公司的薪酬制度，并允许不同项目根据不同的难易度制定出与之相符的多元化的薪酬激励制度，建立公平公正的员工绩效考核标准，从而建立完善的薪酬系统。

具体而言，多元化的薪酬激励制度是指建筑公司需要综合考虑员工的地域性、实际产出、项目效益等差异，根据一定的权重做出薪酬的浮动调整，按照市场需求为导向灵活的定制，采用差异化的员工薪酬设计。开展多元化薪酬激励制度不仅可以满足不同区域、不同项目线、不同工种的企业员工薪酬调整的需求，而且可以最大化地激发出员工的差异化岗位职能，立足本职工作，最大化的为公司企业创造更多的效益，降低员工因薪酬问题的离职率。

（二）建立公平合理的晋升制度

差异化的员工管理制度可能会带来管理不公平的现象，那么为了更好

地树立起公平合理的晋升制度，建筑公司需要引入基于期望理论的晋升管理制度，以此来减少工程项目人力资源管理所出现的职位晋升问题。通过引入期望理论，使不同工程项目部门、不同岗位的不同员工得到差异化的晋升渠道，从而达到差异化人力管理下的公平晋升机会。其次，期望理论属于激励性理论，可以最大限度地激发出员工的晋升积极性，更好地促进员工的工作积极性，已完成其职业规划。

1.明确晋升标准

完善的晋升标准，首先是要保证制度的透明性，明确的晋升标准有利于员工建立自身的晋升目标与晋升计划，提高员工晋升的积极性，对于不同岗位的员工与不同的职务都能做出精准的细化标准，其次还需要在后续的执行中不断完善细节，使晋升的标准能得到逐步地完善。

2.严格执行晋升制度并接受监督

一个完善的制度是与最终的执行是分不开的，针对晋升制度来说整个的过程可以分为三个部分，晋升人员预考查、过程跟踪以及后期考核。这三个环节贯穿着员工考核的整个过程，完全按照明文制度考核员工，减少了人为因素的影响，公平公正的完成员工的晋升考核。

（三）建立明确的培训制度

1.培训人员及其内容的选择

建筑公司目前对新入职员工进行了固定内容的岗前培训，主要介绍建筑施工项目的安全问题及注意事项。那么，建筑公司对于已经上岗的员工并未能做到定时开展技术培训及相关知识的培训，这就需要建筑公司根据项目的需要，及时地安排实用性较强的培训活动，并通过培训后测试的方式，对员工的培训效果进行监督，并将其培训考试的分数列入奖金评定的系数中去，对培训不合格的员工予以扣奖金等惩罚。由于工程项目的工期紧任务重，培训时间可以安排在不利于施工作业的时间，这样既不能耽误施工，也能让员工学习到想要学习的内容。

2.培训方式的选择

在培训方式的选择上可以先听取员工的意见，在此基础上，结合培训内容，针对不同员工开展不同方式的培训，比如：针对一般技术人员的培训可以选择技术骨干实际操作传授技术经验的方式展开，这样可以更为直观地让员工明白具体的操作技巧；对于新技术的学习可以鼓励技术骨干参与新技术的培训，并把掌握新技术列入奖金发放的范畴中去，以此鼓励员工学习心得知识。此外，针对项目经理的培训也尤为重要，项目经理需要对项目全权负责，因此，对于项目经理的培训不仅需要提升其技术水平，也需要提高其管理水平。因此，可以选择专业会议和学术研讨会议的方式开展，当然也鼓励项目经理进行更高学历的再深造。

第三节　材料资源管理

一、项目材料管理理论

（一）材料管理理论

工程材料管理在最初阶段，并没有形成系统的、科学的理论和方法，工程材料管理人员也大多仅凭借个人经验展开工程材料管理工作。随着生产技术的提高，行业专业人士提高了对工程材料管理的深入认识。自十九世纪末期到二十一世纪，工程材料管理的概念也发生了转变，先后经历了不同形式的三个阶段。从第一阶段到第三阶段，前一个阶段与后继阶段的管理理论和管理方法息息相关，并对上一阶段工程材料管理理论作出了补充。

20世纪60年代之后，材料管理概念得到了全球各领域的认可，并且各国企业在材料管理理论应用于实践过程中得到升级和充实，一些完整的材料管理理论、技术和方法被提出，材料管理的概念第一次得到了统一定义：围绕组织质量，号召全体工作人员参与到管理过程中，融合入数理统计、专业技术、管理理论等，构建完整、系统的质量管理体系，对影像质量的因素有效控制，以优质的工作、最经济的办法提供满足用户需要的产品的全部活动=

（二）项目材料管理的流程

工程项目的材料管理在最初阶段，并没有形成系统的、科学的理论和方法，项目材料管理人员也多凭借个人经验展开材料管理工作。20世纪末期，项目材料管理这一概念才被正式提出，作为材料管理及项目管理的交叉学科，成为国内外学者的重点研究对象。而项目材料管理正是项目管理领域的重中之重。

而项目材料管理的诸多内容构成了项目材料管理体系，并对项目材料管理的效果、目标及实施产生较大影响。

项目材料管理的主要目标即明确项目材料方针、目标及需承担的责任，其核心为构建系统、高效的项目材料管理体系，主要内容包括项目材料计划、材料控制、材料保障及材料改进，通过实施以上内容来实现材料目标。

项目材料管理方针：指项目的整体材料方向及宗旨，标志着项目全体成员的材料追求及材料信念，同时也彰显了顾客的期望及对顾客的承诺。项目执行的准则、材料评审目标也必须与材料方针保持一致。材料方针作为经营方针的组成，材料目标可作为项目材料管理持续改进的评估标准，作为项目总经营的核心部分，也要与项目总目标保持一致。材料目标的实现对项目最终经营成效及社会效益产生最直接影响。

项目材料管理计划：指达到规定的材料标准的有效规划及途径，材料计划是为了保证材料标准能够更好实现，其计划的要点是如期完成项目任务，并协调好项目间的关系。

项目材料管理控制：指项目材料管理中发挥最大作用的环节，材料控制的目的是推动项目、产品、具体过程符合要求的手段，即符合行业规章制度、市场顾客对材料提出的要求，采取有效合理的措施对实施过程进行控制。

项目材料管理保障：指与顾客建立友好合作关系后，为其提供信任，促使顾客相信供方拥有满足一切材料要求的能力，主要包括内部材料保障和外部材料保障，二者均属于项目材料管理职能中的重要组成部分。

项目材料管理改进：指在项目的具体实施环节，通过合法手段对项目、产品生产等环节的材料管理体系进行有效监控。同时，依据监控数据对其材料管理相关数据加以整理和分析，找出材料管理体系运行的有利因素及最终结果。如发生误差，则对其进行原因分析，从而制定切实有效改进措施。

（三）管理成本相关理论

项目的全面成本管理：由美国工程师维斯对项目管理进行了研究，并关于项目管理提出了项目全面成本管理的理念。维斯在《90年代项目管理发展趋势》一文中提出了自己的观点，另外，还需要具有整个项目的要素、全风险以及全员成本管理内容，使项目工程成本管理工作更完善。

成本即从事某项工作所消耗的劳动力转化形式，是一种耗费的货币表现形式。也可以说是做任何事都必须要做不同程度牺牲的表现形式。成本是一项综合性指标，主要是为反映企业经营管理水平，通过这一指标能够企业在建设过程中各项耗费的控制是否有效，设备是否得到充分利用，开发建设率是否过高或过低、施工的质量是否合格。

从经济角度进行分析，不能单纯从流动现金的情况来判断成本的消耗程度。成本并不能适应于每一个场合，进行不同研究就会得出不一样的成本概念。作为一项综合耗费表现形式，项目成本即某项工程项目在进行过程中所有人力和物资投入成本的总和。项目成本概念不一，其涉及的范围较为宽泛，其中包括一项工程的组织工作、设计工作、技术设备以及项目的全程管理等方面。不同工程具有自身的项目成本概念，在工程成本管理过程中必须根据工程特点进行设计的成本预算、控制。

成本管理基本具体环节如下：搜集、总结项目成本相关信息资料，认真制定项目成本计划；对现阶段项目所耗费成本以及材料的定额，补充做好详细统计；与项目计划成本作比较，得出明确的分析结果；根据分析结果制定适合项目的成本管理的有效对策。一般项目成本管理并不是单方面的直线系统，而是一个循环系统。项目最初，依据已经审批的计划循序渐进。在项目实施过程中，项目部所要做的就是随时监督项目实施过程，对实施数据、记录进行统计，并将统计结果与项目计划值对比。若得出结果无明显差异，则说明项目工程能够顺利进行，如果得出结果具有明显差异，就需要针对结果进行分析排查，并提出一系列有效改正措施。在采取措施之后仍应继续分阶段进行观察、记录，总结措施的实施效果。假如项目进展结果符合预期效果，工程项目将持续进行。

（四）项目管理理论

20世纪60年代以后，我国项目管理逐步发展。随着世界项目管理理论的日趋成熟，我国开始引进并推广项目管理理论。华罗庚教授研究并形成"统筹法"，并在重点工程进行推广应用，得了良好的经济效益。随着改革开放的深入，很多建设项目中展开了工程项目管理的应用，工程项目管理模式逐步形成及发展。但由于我国项目管理系统的研究起步较晚，没有系统地总结工程项目管理实践活动并形成理论体系软。1981年，我国在鲁布革水电站项目中首次进行了项目管理试验，通过四年的项目管理试验取得了明显的收益，不仅降低了工程造价，缩短了工期，而取得明显的经济效益。经过几十年的应用，我国的工程项目管理理论得到迅速发展，先进的工程项目管理模式在各个领域得到广泛的应用国。

就目前国内外研究来看，虽然国外现代项目材料管理起步较早，但是关于工程项目材料管理方面的研究成果仍很少。而我国的工程项目材料管理研究尚不够系统、深入，专业人才缺乏，已不适应日趋激烈的市场竞争。特别是针对工程项目材料管理模式的研究非常少，而且大多停留在理论阐述和经验介绍阶段，缺少系统的理论研究。因此，加强对项目材料管理模式的研究，探索适合我国的工程项目材料管理模式势在必行。

二、建设工程项目材料管理现状

（一）建设工程项目材料管理要求

建设工程项目材料管理精度控制需要专业技术，更需要多年的实践经验，施工材料的管理人员为保证施工精准度和设备运行精度控制，要从施工管理细节做起，将工程项目材料精度控制概念贯穿到施工方式，施工条件，施工顺序，及零、配件匹配程度之中，全神贯注进行每一环节的精度检测，从精度控制着手切实保证建设工程项目材料管理质量。进行正式的设备施工环节之前，应针对上述所说影响因素进行排查，确保施工材料尽可能少受各方因素的影响，尽量减少项目精度可能产生的误差；其次，结合建设工程项目的设备材料施工实际，选择与项目相一致的施工管理及施工方案，避免"套用"施工方法导致的施工精度受到严重影响。对于施工设备不合适导致的误差，施工材料管理人员应及时采用补偿法减少精度误差；再次，要遵循项目精度控制原则及规律，明确每个工程的建筑工程材料都会存在不同程度的误差，在此客观基础上制定施工材料精度控制标准，保证建筑工程材料管理的精度控制措施实施的合理性和有效性。

施工材料管理进展的治理也应受到足够重视。工作的进展规划治理，依据分层原理和决策层相互适应，并区分治理层和运行层的不同需求。

第一级：工作的整体进展规划。它表现所有的重要的工艺设备以及公用的工作设备，在设计及建筑工程材料采购和施工等方面的总的工作。它对决策层以及管理层等高层系统提供全部的工作整体的进展状况。

第二级：工作组织进展规划。这个规划表现出所有的重要工作包以及设备/程序包的重要制作及采购和施工工作组。所有的工作包以及设备/程序包的承包厂商也要制作自身的相似的进展规划，大多数被用在管理层。

第三级：设备以及建筑工程材料程序管理进展规划。和第一级规划相对的时间网上规划，这个等级的规划将被使用在P3程序的编制及保护，最重要的是反映设备及程序内部的逻辑关联。该基层在所有的大的专业划分的前提之下，开展建筑工程材料进展中的检查，进行数据的分析，用来实现材料管理的实际需求。

（二）建设工程项目材料管理主要问题

1.前期环境管理不足

就一个项目而言，要经历概念、开发、实施、竣工收尾等各个不同的阶段。根据全面质量的观念，为保证或提高工程质量，质量管理控制应贯穿整个过程。在材料验收各个阶段中，根据工程项目材料管理需求，可以将工程实施阶段材料的质量管理分为事前管理、事中管理和事后管理。多数的管理人员提出项目分支开来的材料管理造成了在项目进行时出现一些麻烦。目前，我国大部分建设工程项目材料管理质量检验阶段的特点是将重点放在事中和事后管理。检验人员对工程各项材料逐一挑选，依据工程质量标准判断其是否合格，对于不符合质量标准的材料就予以严格处理。

2.多方主体监管不力

（1）建筑施工企业方面的因素

各个部门项目人员的整体素质有局限的地方。关于建筑工程材料管理中所作改革与工作是否满意，54%的人选择不满意。建筑工程材料管理服务的评价，68%的人选择差。他们在对材料管理办公室做汇报材料管理工作的过程中，根本不能够从长远利益来看，只能够想到一些局部利益。在局部的利益上看，虽然能获得一些回报，仅仅是不够的。出现不同程度的利益矛盾，比如各部门与参与机构为了自身利益忽视项目的整体效益等，为更好获得应有份额，强迫施工人员修改设计方案等，最终导致项目没办法达到管理各项标准。

很多项目的管理人员及监督管理人员自身缺少长远的协同监管意识，无法切实保障该项目管理合作的继续展开。

（2）项目监管部门方面的因素

实际工作中，某些工程项目以"优惠政策"为代价进行招商引资，最终导致部分建设工程未进行规划、环保验收，为政府履行监管职能留下法律隐患。

从项目实际运行情况来看，建设工程项目的验收管理是难度较大、程序较多的一项任务。因此，要求该项目的有关监督管理部门从自身做起，提升自身对于监督管理的认识及管理领域的基本知识。从对建筑实际情况的考察得知，现场工程项目材料监督管理情况并不合理，不同主体的监管本身就存在较大风险，且监管部门的整体素质与水平也不够，以至于自身工作都无法保障，没有全面的建设项目安全及材料管理管理意识等。

首先，管理管理人员"兼职"现象影响管理质量。经调查了解，建筑工程从事管理工作的人员大多数为"兼职"人员，特别是设在建设行政主管部门的管理人员更是身兼数职，势必造成工作人员的精力不足，影响管理质量。与组织内部人员合作是否顺利，44.4%的人认为一般、8.6%的人认为不顺利、35.8%的人认为不清楚。建筑工程材料管理是一个具体的、系统性的活动，但是这个活动的实施也需要得到相应机制的配合与协同。诸如，建筑工程材料管理惩戒机制、建筑工程材料管理奖励机制等等。

其次，建筑工程部分管理人员的业务素质不精，影响现场工程项目材料管理质量。在实际建筑工程验收工作中，特别是现场工程项目材料审查中，现场工程项目材料管理人员的素质直接决定了管理归档材料的质量。现有管理档案材料中存在的问题除部分是由于责任心造成的疏忽外，大部分是由于管理人员不能及时发现和指出问题造成的。

3.监督管理体制有待合理化

现阶段，建设工程项目的工程材料管理执行力出现了明显的漏洞，其执行力问题的主要成因有以下几点。

（1）执行措施缺失。目前，虽然建设工程项目的上级管理人员对于项目工程材料管理相对比较重视的，但是在实际的工作过程中却没有制定相应的执行措施。诸如，管理层重视对于材料采购成本的控制，但是却没有提出具体的能够执行的采购策略。对于成本的控制很多时候仅仅是停留在口头、书面上，并没有具体的执行措施问。

（2）执行措施监督不到位。建设工程项目对于工程材料管理执行监督方面存在较大的漏洞。现阶段施工企业内部并未针对具体环节的工程材料管理设置必要的监督管理机制，对要求贯彻落实的工程材料管理措施缺乏监督管理。由于缺乏必要的监督管理机制，导致了措施落实的不到位，严重影响了工程材料管理的实效，执行监督不到位。现阶段主要表现在生产采购、生产环节，已经成为影响整体工程材料管理效果的关键环节。

4.管理的组织和个人职责定义不清晰

为预防现阶段工程材料管理的管制松懈，工程材料管理的各个环节浮于表面，工程材料管理应用中缺乏战略指导等问题，管理的效用无法发挥等问题，建设项目工程材料管理体系应科学合理，经调查研究，13.6%的人认为不合理、58.0%的人认为一般、25.9%的人认为比较合理。因此，需要对工程材料管理建立准确的操控要求，即：管理人员需要明确其自身的工程材料管理机制和各个工程材料管理执行单位的权责，加深对工程材料管理工作的指导。建设项目的工程材料管理工作需要把其资金、资源、信息和人才等实施合并，加大作业协调及资源的有效使用，最终使得各部门团结一致，能够在整体上控制工程项目的材料管理工作。

许多项目人员在进行项目运行管理工作时，弃用经济实惠的材料，偏偏选择价格昂贵的材料和成本投入程度高的设备，以期扩大建设项目的整体规模，从而提升项目生产带来的经济利润。但也因此为项目投资增加了一定难度。很多施工企业面对投资成本的无限期提高没有选择余地，甚至无法对整个建设项目进行合理的造价控制。

此外，还有另外一种弊端存在，即无论项目选材、设计所投入成本多高，也无法保证高投入就会有相应的高回报。投入了大量人力、财力、物力只为追求高利益，却不能为整个建设项目打造出一个合理、科学、优质的项目方案，从根本上浪费了项目的大量成本。工程材料管理的范围窄、不全面主要针对人员控制与环节控制而言。

5.工程材料管理中混凝土技术问题

（1）混凝土中的水泥发生化学反应产生的裂缝

众所周知，混凝土组成成分不同。不同配合比的混凝土在搅拌、混合过程中会出现不同程度的化学变化。在混凝土施工的过程中，其因受到温度、外界因素的影响，会不间断发散热量，最终在高温下混凝土才能得以稳定、成形。比起一般的混凝土，建筑工程的混凝土更加吸热，同样会导致混凝土层不断加厚，在长久暴晒的情况下混凝土会产生各式各样的裂缝。从施工经验来看，混凝土因化学反应等出现的裂缝与其受温程度有密切关系，在施工三天内建筑工程混凝土内部升温迅速，五天后高温增速，建筑工程施工进入挑战阶段。裂缝是当前建筑工程施工中最常见的问题之一，在此对防止裂缝的对策进行分析。

（2）减少温度收缩所致影响方面

从事建筑施工的人员都知道，在混凝土浇筑之后其会在浇注表层渐渐硬化，从而混凝土也会发生不同程度的收缩。这就导致很多已经完成建筑结构遇到冷热不均的情况，出现膨胀或者收缩的变形现象。在高层住宅建筑施工过程中混凝土会出现硬化收缩现象，而在这期间，温度差异是对混凝土硬化影响最大的因素，需要施工人员格外注意。如果混凝土热胀冷缩受到其他因素的限制后，内部会产生压强，导致建筑结构破坏或者崩塌的情况。建筑施工人员根据设计要求进行后浇带技术施工之后，混凝土就不会受到约束，内部压力也会逐渐减少，混凝土抗温能力也会提高，从而减少高层住宅建筑物结构损坏的现象。

为保证混凝土工程质量，材料管理主要预防措施如下：

①选用收缩量较小的水泥，一般采用中低热水泥和粉煤灰水泥，降低水泥的用量。

②混凝土的干缩受水灰比的影响较大。水灰比越大，干缩越大，因此在混凝土配合比设计中应尽量控制好水灰比的选用，同时掺加合适的减水剂。

③严格控制混凝土搅拌和施工中的配合比，混凝土的用水量绝对不得大于配合比设计所给定的用水量。

三、建设项目材料管理对策

（一）建筑工程材料管理的目标

1.提高项目管理质量和效率

以现阶段建设工程项目实际情况为研究切入点，立足建设工程项目相关工程材料管理的主要方法和理论，采用PDCA循环、定额法等，同时运用价值链分析法、持续改进和标杆制度和成本动因分析法，对建设工程项目的材料成本进行分析、分解和预测，以确定适合建筑工程材料及管理成本的管理办法的同时，采用标准化设计，减少类似工程的重复工作，提高项目利用率。

2.降低材料及管理成本

通过完善的研究与分析，本章节经过数次研讨，建立一套能反映各项成本指标、操作方便的运作机制和工具，对提高建设工程项目经理的管理工程和运维成本无疑能起到极大地帮助。本课题在主管部门的协助下开展调查工作，分析了建设工程项目的工程材料管理情况，并采用信息技术，对建筑工程材料及管理成本动态进行实时跟踪，掌握现场工程材料管理情况，对建筑工程材料进行预算。

3.优化项目工程材料管理责任体系

由于建设工程项目所处的环境和体系，项目内部运作从开始到现在变化较少，十几年如一日，但是外部环境却在发生日新月异的变化。此前十余年的工程开发几乎无需费心管理，只要大搞建设，就会获得高额利润。企业和项目内部对于工程材料管理没有相应的工程材料管理责任体系，没必要设置组织、定义责任去精细化工程材料管理。

但是目前的建筑市场正在发生变化，有更多的竞争者涌入到这个行业，如果像以往大手大脚，最终的利润会被臃肿的成本抵消。本课题提出管理者和相关业务部门一起共同推动，优化了当前项目工程材料管理责任体系，推动项目的工程材料管理不断优化，为企业和项目获得更高的利润创造基础。

项目的工程材料管理必须根据建设工程项目内部各部门对所管辖范围的控制、管理层次、管理资格等进行分级、分层管理。工程材料管理所涉及的范围十分广泛，上到企业高层下到工程项目管理人员。同样，项目工程材料管理也需要贯穿在项目实施过程中每一个环节。

（二）营造项目建筑工程材料管理氛围

做任何一件事情，人员和工具是必须的，但是做成一件事情，意识和态度是最重要的。所以最先应进行的工作就是营造项目建筑工程材料管理氛围，扭转大家的意识态度。本课题设计了"软""硬"两套方法来达成。首先是"软"办法，做这件事情的抓手是企业领导高度重视，中高层领导、部门主管以身作则，为下层员工起到领导带头作用，以高度的勇气和魄力重新制定项目成本规章制度，宣传开源节流、资源优化配置等管理理念。建设工程项目领导者需要将建筑工程材料管理理念大力宣扬，促使各部门人员共同参与到建设工程项目建筑工程材料管理实施中。其中，应率先普及建设工程项目战略、建筑工程材料管理等概念及内涵。不同部门的领导应率先明确自身的管理职能，带动整个部门与组织积极进行自身建筑工程材料管理与转型，将建筑工程材料管理精神、材料管理理念传达至每个项目的参与员工，从根本上形成全组织建筑工程材料管理意识。

要想对这些方面进行相应的改变，就需要从以下几个方面进行改进：

（1）要从整个项目的角度进行分析，对项目的风险进行评估。通俗一点讲，就是要将原本分开的管理工作，进行汇总统一，在分工的同时，要进行合作，不允许出现管理死角和出现事故时互相推卸责任的现象。项目控制部这一部门，主要作用就是对采购的风险进行评估。除此之外，还应将其他管理部门也列入其中，增强对设计、施工等项目的操作过程进行的风险评估。

（2）要对监督管理的信息建立一个系统。要求各个部门的工作人员都要将获取的信息及时录入管理的系统中，并且对这些信息进行备份。管理程序中，要让登记信息的工作人员签名负责，并且该程序还要对不同等级的工作人员，如经理、主管以及普通员工等职责进行明确的规定。这样在出现问题时能够做到有章可循，而且会使得相应管理人员责任心大幅提高。除了在应对问题时的优势之外，这样做，还能够使不同层面的管理人员能够共享信息，方便员工的操作，节省时间。这样做，也能够让更多的人有所了解，如若数据出现错误，会得到他人提醒，减少了大的错误的发生。

（三）材料管理组织体系保障

1.建立施工技术组织体系

在建设项目中，必须建立健全的建筑材料管理程序，使材料管理制度得以有效实施。在初步建立所有建设项目项目管理机构的基础上，不同部门要提出不同的建筑材料管理指标。最终根据建设项目选择不同的建筑材料管理指标和方法，全面实施建筑材料管理的组织。

对于组织建材管理的建设项目来说，建立一个合理完整的组织架构是不可估量的重要。因此，在此之前，我们需要建立一个稳定有力的组织领导，这样才能全面做好建材管理工作。此外，在建设项目中要加强对成本工作组织的组织领导。对建设项目，要进一步完善建材管理流程，明确各部门的职责、权限和分工。最后，建设项目可根据自身特点和管理特点，分工管理市场、人才、资源等各类建设项目物资，配合综合分析、监督、评价等重要工作。物资管理部。

2.建立稳定的项目管理组织架构

组织施工材料管理在实施设计组织战略中尤为重要。为此，需要强化现行管理机构的监督管理职能，对现行高层框架体系存在的问题进行改革和调整，如管理班子、物资管理会议形式为在施工前、施工中和施工后审查所有材料管理事项。

3.组织攻克专业技术问题的团队

在项目内部总会有一些技术较高的施工工艺，而其价值却不尽如人意，这就需要该项目合理结合这种施工工艺的特性，和企业中有关技术人员共同深入探讨该施工工艺的解决方案，攻克施工过程中的技术难题，并在该工艺中不同的地方配置相应的技术团队，为团队提供不同类型的专家，提供最精确、最合适的施工技术。除此之外，该技术团队还要为原材料管理提供解决问题的方法，成立相关部门，将相关方面的专家集中到一起，深入到加工的内部，实地进行建筑工程材料考察，然后尽可能使施工的方式方法得到改进，尽可能使用最新型机械，提高施工速率。除了上述以外，建设工程项目还需要针对施工的项目特点增强控制的程度，以便于提高施工产量和经济性，保证在施工过程中材料使用的质量和安全性。

4.对选择人才、检测等方面进行增强

为让施工项目的管理更加完善，建设工程项目管理要从不同方面进行考虑，如从供应商的角度和其他的合作伙伴的角度，最重要的是加强施工项目的相关管理人员的培训。为了能够让企业拥有长期的合作商，可以采取定期交流、培训等措施来增强各方的关系，并且逐渐完善供应商一方对项目的认知、了解的程度，使他们能够始终与企业站在同一水平线上，团结协作。除此之外，企业还需要对项目的管理方面花费更多精力，要对材料使用的质量、服务态度以及材料使用的产量进行相应的控制。与此同时，企业还要面对消费者建立相对应的平台，接受消费者意见。这样企业才能尽快建立品牌效应，获得良好的社会和行业知名度，并且能够让项目施工变得高效优质低耗。

（四）强化现场的监督监测力度

1.增强监督检查的力度

为了能够让项目的施工得到质量的保证，应该定期地对施工机械进行相应的检查，并且对企业的技术人员进行培训。为了能够使建筑工程材料质量有所保障，应该为此建立一个专门的维修与验收监管部门，并且聘请相应的专家进行指导，以此来保证机械及工程的正常运转。除此之外，企业的施工部门，应该在施工材料使用过程中留意施工方式，及时发现问题，并且对施工方式提出改进的方法。从自身的改革与进步做起，才能够使得材料使用的质量得到保证。施工现场相关的检查人员要对其进行建筑工程材料抽样检查。企业还应调动专业的技术管理人员增强对施工流程的监督，以确保材料使用的质量。

2.要对项目的质量加强管理

质量的好坏主要取决于监督人员。监督人员的标准高，那么材料使用的质量就会好，反之，材料使用的质量就会差。所以说，提高监督人员的建筑工程材料验收标准，不只是对企业，对整个国家来说都是必不可少的一项关键的步骤。因此企业要对需要监督的建筑工程材料质量方面作出明确规定。比如说：材料使用各方面指标是否合格，材料使用的制造方式是否满足项目所规定的方式，施工材料所用的设备是否合格，材料质量能否达到国家规定的质量标准，施工时所用的仪器是否按照国家的规定使用等方面。相关的监督人员要对以上所有项目的材料利用与变更监管进行详细记录，并且用多位管理人员对同一项目的监管，排除偶然性。

（五）采取合理方法展开成本控制

通常是指对销售相关活动的财务及所耗费进行预算，该预算是展开成本预算管理的首要步骤。

生产经营预算：通常生产经营项目比较重视生产经营预算，是将生产经营规模进行定量划分，并且要求相关管理人员按照生产经营计划进行预算表编制与执行。

直接材料预算：通常是围绕建设工程项目生产经营或者制造加工所需材料实施的预算管理，主要的预算指标包括成本、数量两方面，与上文所说生产经营预算有密切关联。

直接人工预算：主要是指在建设工程项目生产经营过程中所耗费的人力成本，需要按照人工时进行详细预算。

制造费用预算：总体来说，主要是进行生产经营、加工、销售及其他过程中所用制造耗费的成本，其预算的对象包括上述提及的生产经营、人力、设备保护等相关。

成本预算执行是基于预算管理基础上实施的预算行动的过程，建设工程项目的成本预算执行工作的展开，需要按照行业相关规定展开，通常需要制定切实可行的预算计划、预算流程与预算合作工作。只有预算执行到位，才算真正的成本预算。任何建设工程项目的管理工作都需要借助于考评来判断员工的工作成效，成本预算管理也不例外。预算考评的本质即依据项目成本预算管理要求，由相关部门执行，对参与到各环节预算活动的部门、个人实施考核与评价。依据考评结果给予不同部门、员工相应激励或者惩罚，对成本预算工作起到一定监督作用。与绩效考评不同，成本预算考评不仅仅是对预算参与者的评估，同时也是对成本预算过程及整体工作成效的评估。

结合建设工程项目的实际情况来看，目前面临的最关键问题就是建设工程项目还没有认识到成本核算对于项目自身财务、自身管理的重要性，因而会造成项目材料管理出现更多问题。任何正常项目材料管理都离不开材料管理及成本核算支撑，如果忽视了成本核算在项目生产经营及材料管理中的重要性，就会逐渐阻碍项目销售，难保建设工程项目可持续发展。建设工程项目也需要认识到周边经济环境的严峻情况，要充分发挥自身的成本优势，提升全体职工的成本核算意识，

以满足市场经济外部对建设工程项目提出的全新要求。不仅如此，建设工程项目还需要时刻关注市场上其他竞争对手的动态及项目材料管理情况，做好随时调整成本核算、项目材料管理策略的准备。

最后，定额法在建设工程项目中的应用原理就是将项目过程中产生的实际费用分为项目定额成本和定额差异。每进行到一个阶段，对建设工程项目不同阶段二者差异产生的原因进行分析比较，并将总结报告反馈到相关建设工程项目管理部门。定期对项目收益定额成本作为基础，根据情况进行差异加减，从而获取建设工程项目的实际成本。编制定额实际上是一项立法工作，因此，必须按照项目的客观规律进行定额编制，才能够落实国家工程建筑材料管理划，才能够编制最准确的项目每一阶段所需预概算，确保建设工程项目材料管理的实现。

（六）加大宣传力度，提高各方面的法规意识

房地产行业质量监督管理部门等国家部门机构还应发挥舆论导向社会功能，对于一些侵害居民权益或者危害人身安全的违法工程及施工行为加以管制和曝光，以身作则号召社会各界关注工程项目材料管理管理质量及相关权益保护、法律保护问题。除此之外，质量监督管理部门不仅仅要加强相关法律法规完善，还应利用各种媒体的优势，持续进行相关法律法规的宣传，提高开发企业及社会各界对工程项目材料管理的认识，提高政府职能部门依法行政、各参建单位依法建设、建设单位依法维权的意识，使工程项目材料管理工作形成有法可依、违法必究、人人重视的良性运行的新局面。

质量监督管理部门对拟批准验收合格的建设工程项目应提倡进行社会公示，以充分遵循依法公开、民主监督、客观真实、注重实效的原则。建设工程项目材料管理人员应提高工程项目材料管理的重要性意识，将国家标准和规范作为首要验收原则，对项目验收单位、专业技术队伍的工作成果展开全过程监督和管理，内容主要有工程项目材料管理的可行性和正确性、工程参照的技术指标是否全面合理、技术参数是否与项目实情相符合、所采用的管

理仪器及设备是否符合国家标准、采用的仪器是否合格、项目检测成果及数量是否达到项目质量管理要求材料验收、监测的全过程是否记录无误等，特别是对工程承包施工企业及工作质量与标准进行严格监督和审核。必要时，可对不确定是否符合工程项目材料管理标准的工程适时加以跟踪监督与管理。

所谓制度，需要各个部门共同参与才能发挥制度的监管作用，因此，建筑材料验收制度健全完善的第一步就是对目前相关监测、相关质量保障的体系及条例进行调整与修正，从而找出最适合自身的工程项目材料管理体系，并且切实加强各项工程项目材料管理与管理政策的完善与执行。各个部门应该将所履行的责任及监督管理的基本标准，汇于施工企业对施工人员做出不同方面的绩效考核规定及施工技术标准验收规定。监理单位则需要针对当前监理实际工作需求及团队综合素质，提出切实可行的有效培训制度与方案等，并且督促各单位将各项监督管理制度落实到整个项目的管理与验收过程中。最后，从监督管理工作的角度，将监管及与工程项目材料管理的关系等面向全部参与人员进行宣传，督促各单位管理人员及参与人员积极踊跃参与项目的材料管理监督过程中。

1.强化未经申请擅自施工、变更的法律责任

结合建筑工程验收实际情况，质量监督管理部门，部分人士常常凭借经验及部门常规标准对建筑工程验收过程加以监督，不能对工程质量、技术参数、文件中存在的问题提出质疑和发现，往往等到后期才察觉问题，在追求问题原因时部分管理者推卸责任。对此，笔者认为工程质量监督部门在不降低建筑工程验收进度及质量监管工作的情况下，应将各种材料验收工作的法律法规与验收技术规范、主要技术文件、评价技术规范作为参照，严格控制未经申请擅自施工、变更法律责任规定不足，避免工程出现不合理变更现象出现。

2.对验收不合格的处理应多元化

关于建筑施工企业通常将重点放在建设企业安全文化，宣传安全知识及安全管理上来，并未总结安全事故经验，对引发安全事故的各种因素进行系统的分析。为确保建设工程项目材料管理管理制度顺利执行，在进行建设工程项目材料管理时，检测出工程在实施过程中出现了不该出现的安全物品或者不安全材料操作，工程质量监督部门要会以合作合同、项目安全操作规则为依据，对项目施工负责方进行一定程度的处罚。其处罚内容有：对负责单位相关负责人、施工人员进行严厉的批评；临时停止施工，将违约单位驱逐项目施工现场；立即停止施工，对其进行严格审查和整顿，如若达不到开工要求即刻逐出施工现场；按不同程度进行罚款。

（七）施工现场不同材料归类与技术应用

1.合理进行现场材料分类管理

单一的获取材料管理策略，缺少科学合理的材料储存方法、信息化技术化存储不足等，从而制约了建设工程项目材料存货工作的顺利展开，也为其带来了巨大挑战。结合前文关于目前项目材料管理问题，笔者认为当前必须要扭转传统的材料管理理念，从以下方面解决目前建筑材料管理存在的主要问题。

ABC分类控制法是存货控制的方法之一，笔者建议建设工程项目采用ABC分类材料管理方法对材料管理进行升级，对现有的存货材料展开合理的主、次划分，进行有效的区域管理。ABC分类法在当前公司库存管理及材料管理中得到了普遍认可与广泛应用。该方法的应用原则主要为根据所存储材料的不同特性，即材料重要性、存量、存储性质等，对其展开不同分类。其中，ABC分类储存要求公司仓库管理人员制定一系列与材料种类相符合的库存及订货、需求预测、保管措施等计划。对此，将对ABC分类法的标准进行以下解读。

A类材料：其主要特点为价格较高，在所存储材料中占据大量资金，并且对存货环境、方法有较高要求。因此，针对A类材料，建设工程项目必须要派遣专业库存管理人员，制定一系列确保A类材料完好无损的制度与条例，并且定期对其展开核对。除此之外，为降低公司的材料管理成本，建设工程项目还需要借助于现代化存货手段对该类材料加以库存控制。

B类材料：与A类材料相比，B类材料是当前建设工程项目存货中的占有存货空间最多的类型，资金中等，且数量较多，同样需要专门库存人员对其加以看管。

C类材料：属于低耗能、附加类材料，数量较多、且存储要求一般，无需特别看管。

2.建筑工程混凝土材料配合比

通常情况下，混凝土材料比例不当会降低其施工应用性能，加剧混凝土材料裂缝的产生，拉低建筑施工的安全性能和质量。从上文对混凝土材料水泥比例不当产生的裂缝问题可以提出，在进行建筑工程施工之前，必须进行合理的混凝土材料配比调试和确定。对此，建议有关工作人员，补充相应化学与物理学、建筑学知识，严格按照施工方案与施工图配置混凝土材料，减少混凝土材料之间的化学冲击。可以采用"放""抗"结合的措施，所谓"放"便是在建筑物的外墙设置永久伸缩缝，以备预留缝隙使用。此处的"抗"在建筑物的墙体中表现为空心砌块，墙体要设置一定规模的构造柱，也要根据墙面的厚度设置好腰梁。

除此之外，还需要控制好混凝土的强度，对已完工程进行后续养护，这也是影响建筑工程质量的重要方面。管理人员要明确养护工作的责任人，制定明确的养护制度，在养护过程中可以根据外界环境的变化，及时调整养护施工方案，综合多方面的因素采取相应措施。

3.建筑底板钢筋绑扎

建设项目墙身弹线准备工作，高层建筑之间、垂直平行时都需要进行平行、角度的矫正，需要从高层建筑楼层平面出发，运用经纬仪将轴线进行墙身弹线；抄平工作，即施工人员合理利用水准仪站在正确位置进行模板底标高的检测，严格按照事先做好的墙身规划确定好砂浆带及后期支设的范围，减少后期施工中存在的误差，也可以减少底板浇筑、灌浆中存在的溢出等情况。在上一工序规划好建筑工程混凝土材料比例之后，笔者认为还应做好底板钢筋绑扎，完成水电等设备的预埋之后，施工人员需要反复检查钢筋绑扎，尤其是确保钢筋在绑扎时不被混凝土材料及其他材料污染。为增加底板钢筋的牢固性，施工人员必须要做好漏浆污染清理工作，必要时可采用隔离剂进行污染处理。

第四节　设备资源管理

随着工程施工机械化程度的不断提高，机械设备在施工生产中发挥着不可替代的决定性作用。工程机械设备的先进程度和数量是建筑企业的主要生产力，是市场经济条件下保持企业平稳协调发展的重要物质基础。加强建设项目机械设备的管理，对于充分发挥机械设备的潜力，降低工程成本，提高经济效益具有举足轻重的作用。

一、机械设备管理内容

机械设备管理工作的具体内容包括：机械设备的选型与调整、维修与保养、检查与维修、管理制度的制定、操作人员技术水平的提高、机械设备有计划地改造与更新。

二、建设项目机械设备来源

建设工程所需的机械设备通常通过以下途径获得：

（一）公司财产

施工企业根据自身性质、任务类型、施工过程特点和技术发展趋势，采购机械设备，部分企业常年大量使用，以达到较高的机械利用率和经济效果。项目管理部可以调配或租用公司自有的机器设备。

（二）租赁方式

施工单位不宜自备设备时，可租用一些大型专用机器和专用设备。租赁机器和施工设备时，要注意以下验证：租赁公司经营许可证、租赁许可证、机械设备组装许可证、安全使用许可证、设备安全技术定期验证证书、机器操作员证书。

（三）机械结构的执行

一些作业复杂、体量大或需要人机密切配合的工程，如大型土方工程、大型网络安装、高层钢结构吊装等，可由专业的机械化施工公司承包。

（四）新业务采购

根据施工情况，对需要自行购置的施工机械设备、大型机械和专用设备等进行充分调研，编制可行性研究报告，报企业管理部门和专业管理部门批准。

施工所需机械设备的获取方式将在技术经济分析的基础上确定。

三、建筑工程中机械设备的合理使用

为使工程机械在使用过程中正常运转并保持良好的技术状态，必须防止零件过早磨损，排除可能出现的故障，延长机械的使用寿命，提高机械的生产效率。合理使用机械装置必须保证：

（一）人机固定

实行机械使用维护责任制，指定专人使用维护，配备专人、专机，使操作人员更加熟悉机械性能和工作条件，更好地操作设备。严禁非人员操作机器。

（二）实行操作证制度

所有机械操作人员和维修人员必须经过岗位培训，建立培训档案，使他们既能掌握实际操作技术，又能了解基本的机械理论知识和机械结构。

（三）合理使用规定

严格遵守合理使用规则，防止机器零件过早磨损，延长机器使用寿命和维修周期。

（四）实行单机或机组核算

将机车设备维修费用与被考核机车的利润挂钩，根据考核结果实施奖惩，是提高机车设备管理水平的重要手段。

（五）合理组织机械设备施工

加强维修管理，提高机械设备的独立性能和完整性，合理组织机械设备布置，做好施工规划。

（六）抓好机械设备综合利用

施工现场使用的机械设备应尽可能一机多用，充分利用轮班时间，提高机械设备的利用率。例如，垂直运输机械也可用于水平运输，在摆动范围内装卸。

（七）机械设备的安全运行

机械作业前，项目经理应向操作人员讲解安全操作，使操作人员清楚了解施工要求、工作场所环境、气候等生产安全因素。项目经理部按照机械设备安全运行的原则组织工作和指挥，不要求操作人员违章操作，不强制机械设备带病工作，不责令或允许操作人员进行野蛮施工。

（八）为机械装置建设创造良好条件

施工现场环境及布局应满足机械设备性能要求，交通畅通无障碍，照明应适应夜间施工。

四、建设工程机械设备维修保养

为使机械设备始终处于良好的工作状态，应加强机械设备的维护保养。机械设备的维护保养应贯彻"维护与预防并重"的原则，将定期维护保养强制化，妥善处理好使用、维护、修理的关系。

（一）机器设备维修

机械设备维护保养配合提倡"交叉"作业方式，以"清洁、润滑、调整、固定、防腐"为主要内容，实行日常保养和定期保养制度，严格遵守执行操作手册中规定的周期和检查和维护活动。

1.例行（日常）保养

日常维护是一项正常的使用管理工作，不占用机械时间。日常维护包括机器运行前、运行后和运行中的清洁和检查。主要检查重要敏感部位（如机械保护装置）的状态、冷却液、润滑油、燃油油位、仪表指示等。日常维护由操作人员自己进行，必须认真完成日常机械维护记录。

2.强制保养

所谓强制检修，就是按照一定的周期和内容分类进行，必须占用机械设备工作时间，停止工作进行检修。机械设备在一定时间运行时，无论其技术状况好坏，任务重重，都必须按照规定的工作范围和要求进行检查和维护，不得推脱。

企业要进行现代管理教育，使各级领导和设备使用者认识到机械设备的完好程度和寿命在很大程度上取决于维修工作的质量。如果忽视机械的技术维护，只考虑眼前的需要和方便，机械装置可以运转才停止，势必导致设备过早磨损，使用寿命缩短，各种材料消耗增加，甚至威胁安全生产。不按规定对设备进行维护保养，就是使用不当、管理不善，有悖于现代企业的科学管理。

（二）机械设备维修

机械装置的修理包括修复机械装置的自然磨损，消除机械故障，更换和修理损坏的零件。机械设备的维护可以保证机械设备的性能，延长其使用寿命。机械设备的修理分为大修、中修和小修。

1.大修理

大修是对机械设备进行全面的拆卸检查和修理，以确保质量和满足各部件的要求，使其达到良好的技术状态，恢复可靠性和精度等运行参数，从而延长机械的使用寿命.

2.中修理

平均维修是对设备的主要零部件和大量其他易损件进行更换和维修，改善机械设备的格局，恢复设备的精度、性能和效率，从而延长检查机械设备的间隔。

3.小修理

小修一般是指为消除突发故障、个别部件故障或操作人员无法排除的一般意外损坏等问题而进行的临时维修，一般与维修相结合，不包括在维修计划中。大修、中修应列入修理计划，按照计划的预修制度进行。

第二章 建筑工程项目成本管理

本章的主要内容是建筑工程项目成本管理，主要介绍了三个方面的内容，分别是项目成本管理概述、项目成本预测与计划以及项目成本控制。期望能够通过作者的讲解，提升大家对相关方面知识的掌握。

第一节 项目成本管理概述

一、项目施工成本管理概述

（一）项目施工成本管理的定义及其特点

1.项目管理

项目，是指在一定的时间、预算、资源限定内，按照一定规范完成的一种独特而复杂的活动。项目管理活动是在某个限定的时间内，为达到事先确定的目标，由临时性组织在特定的运行机制下，采取合理的计划、组织、领导与控制，以利用一定限制资源的一种系统管理方式。美国项目管理协会的"项目管理知识体系"（project management bode of knowledge，PMBOK）把项目管理主要分成十大范畴：即关于项目集成整合、项目成本、项目范围、项目时间、项目质量、项目沟通、项目人力资源、项目风险、项目采购及项目干系人的管理知识。

2.项目施工成本管理

项目施工成本管理是在确保符合项目合同内容要求的同时，依据建筑工程项目的过程流程，对建筑工程公司的工程项目所发生的成本费用开展预算计划、组织、分解、协调、控制和核算分析等工作，尽量减低项目实施中的成本支出，使成本费用控制在原计划目标之内的科学的管理工作。项目工程的施工成本管理是建筑工程公司最关键核心的管理工作之一。施工项目的最终目的是确保建筑产品达到预期交付的质量标准，同时在约定的工期内完成施工，保证施工过程的安全性，并赚取利润。由此可见，项目工程施工成本管理的重点在于动态地获取实际成本的发生情况，用以与目标值进行比较，分析产生偏差的原因，然后立即予以纠正，进而能有效地确保管理目标能够实现。

3.项目施工成本管理的特点

建筑施工项目成本是指在符合合同要求的情况下，为完成某项工程项目施工过程中产生的支出总和。其贯穿于工程项目的整个流程，从准备投标一直到竣工验收。施工成本按其耗费能否直接进入完工建筑产品，分为直接和间接成本。直接成本主要由工人的劳务费、建设所需的材料费、施工机械使用费、具体措施费共同组成；间接成本主要包括为组织和保障建造工程项目的正常运行，所产生的日常管理支出，如管理人员的工资、职工的福利费、办公水电、财产保险、工程保修费等。

（1）对象多元化

根据客户的要求不同、设计图纸的变化、工期的长短，使得建筑成为非标准化的产品。正是由于产品之间的这种巨大的差异，让每一个工程项目都具有唯一性。造成管理工作无序可循，大大增加了项目施工成本管理的难度。

（2）充满不稳定性

项目施工的每个对象自身是动态的，不稳定的。众多外部因素都会对其产生较大的影响，如可能由于施工过程中设计方案变更、技术改进、劳务费与材料费用变化、国家相关法律规定改变、环保要求或者气候变化等影响，导致实际的施工进度与计划不符，引起实际的成本费用与预算成本出现差异。同时建筑施工是劳动密集型产业，其员工流动性较大，员工的流动随之带来项目的成本的波动。

（3）存在不可逆性

施工项目普遍存在工期长的情况，从组织计划到竣工验收，整个施工过程需依照既定的流程开展，难以返工重来，所以在进行施工项目的成本管理时同样不能回退，因此事前需要设计合理施工方案，整体策划，全盘梳理作业的流程。在事中若有突发事件需及时调整方案，结合实际情况进行成本管理控制。减少非必要支出费用，努力提高企业利润效益。

（4）具有系统性

施工项目的成本管理应该从整体出发，这是个系统性的流程，并不是每个小分项的资金管理以及成本核算，而应该涵盖财务核算、成本管理、技术实施、经济利益于一体，包括资金成本管理、进度管理、工期管理、项目质量管理、安全生产管理等方面，上述都需要项目全体员工的配合工作，才能达到成本管理的目标。

（二）项目施工成本管理的流程

项目成本的管理体现在工程项目的每一个流程和方面，内容非常宽泛，主要包括事前预测成本，事中成本控制及核算，事后成本分析和考核。从前期准备工作到、投标中标、签订合同、进场施工、竣工验收，直至整个施工项目完成，施工项目的成本管理贯穿始终。因此施工流程中的每一个环节都需要予以重视，在做好项目实施前成本的预测工作的同时，也要认真做好施工过程中的成本控制。在事中通过对成本现状的动态核算与分析，能及时对项目施工成本管理中出现的漏洞和偏失予以修正。

（三）项目施工成本管理的具体方法

在实际工作中，针对施工项目的成本管理的方法不少，其中包括目标成本法、标准成本法、项目偏差分析法等，根据项目的状况分别适用不同的成分控制方法。

1.目标成本法

目标成本法是项目成本管理方法中最普遍常用的，也是重要方法之一。具体内容是在事前确定目标成本，以制定的目标成本为约束条件，在施工的过程中不断进行调整和优化的成本管理办法。将目标成本分解到设计、施工、验收等流程之中，关注每一个流程是否达到目标成本，可以说企业是围绕目标成本来开展成本管理工作的。目标成本法可以有效地控制每个流程的成本产生，及时发现偏差的出现，快速处理解决问题，并规避此类情况。由于建筑施工的成本主要与项目施工过程有关，因此目标成本法在建筑行业的应用有一定的局限性。虽然确定目标成本的方法可以防止工程施工过程中浪费，但在施工过程中不可控情况较多，充满不确定性，容易出现目标成本不准确，导致该方法失去管控成本的作用。

2.标准成本法

标准成本法是另一种流行的项目实施成本管理方法。与目标成本法类似，需要预先确定标准成本，将项目实施的现实成本与之相比较，计算差异分析原因，以此制定措施和改进管理办法。但是这种方法总体来说更加适用于产品较单一的大批量的生产型企业，在建筑施工使用中需要反复去修改项目的标准成本，有点得不偿失。

3.项目偏差分析法

项目偏差分析法又称挣值法，是项目施工中使用的较多的一种成本管理方法。该方法引入项目的预算单价，计算出任一时刻已完成工程的预算值，通过将相应时刻的项目实施成本与得出的预算值进行对比，找出偏差，以便更好地完成后续工作。同时该方法还可以判断工程进度情况，分析是否存在延误情况。

（四）项目成本管理的原则

根据项目成本管理理论，项目成本管理应该遵循以下原则：

1.全面性原则

建筑工程项目涉及大量的原材料采购、机械设备租赁、人员工资以及各类管理费费用，各项费用影响因素众多，变化风险较大，成本管控极为困难，必须要依托相关部门展开全面预算成本管理，认真执行各项成本管理制度，将项目成本管理成效与个人的绩效考核联系起来，加大项目成本管理的激励约束，提高项目成本管理的价值认知。

2.最小化原则

建筑工程项目管理的核心目标是在有限的资源投入下实现最优的效益回报，确保项目成本、建设工期、工程质量等核心指标符合要求。这就要求施工单位在项目成本管理过程中严格执行成本预算，合理压缩费用支出，努力将项目整体成本控制在可接受范围内，实现各项指标关系平衡和协同发展。

3.动态性原则

建筑项目工程建设周期长、限制条件多，在成本管理过程中存在变动风险，因而必须遵循动态性原则及时调整成本管控计划。

项目成本管理贯穿整个项目实施过程，项目成本管理效果与项目经济效益和运行效率密切相关。从整个建筑工程项目施工周期来看，项目准备阶段要组织财务人员开展专项论证，预估项目造价并编制成本预算报表；项目实施阶段逐步展开成本核算，实施成本预算控制管理，采取有效手段进行计划纠偏；项目竣工收尾阶段展开成本分析和财务决算，并针对成本管理人员进行成本预算绩效考核；项目改进阶段引入复盘机制，分析思考项目成本管理工作问题，并提出下一步优化改进意见。

二、成本控制管理概述

（一）成本控制的概念

成本控制是企业通过各种方法，预先设定一个成本管理目标，通俗来说就是设置成本费用限额，然后为了达成这个成本管理目标企业所做的一系列措施。成本控制是企业为了达到成本管理目标，获取更多利润而建立的管理体系。其实在成本控制这个概念提出之前，人们就开始在使用相关的知识了。比如卖东西，提前估计销量来确定进货的多少，其实这就是最常见的成本控制。只不过如今成本控制已经发展为一门科学，学者把过去的经验总结归纳，形成完整和成熟的理论体系。在企业管理中成本控制的好坏甚至能决定这家企业的生死。通过对企业的经营活动进行提前的预测与调整，确保各种生产资料的供给，规避可能出现的风险。当然最重要的是在这个过程中减少费用支出，拓展企业的收益，把利润最大化。

（二）成本控制的特性

1.多变性

成本控制其实是为了确保在业务活动过程中成本的发生量在预估成本内的工作。根据预估成本对实际成本的发生进行管理，标记潜在和实际的偏差，然后给出措施，防止成本超过预估数的行为。成本控制的对象施工项目、企业经营、生产制造等等都是在流动的、发展的，兼具复杂性的。在相应周期内会有很多不可预测的事件发生，这些事件极有可能会引起成本的波动变化，如：政府政策改变对环保要求提高、自然灾害导致的材料价格上涨、疫情原因引起人力成本提高等等。所以需要在事前进行预测可能的不确定风险并予以规避。

2.可选择性

既然成本控制的对象存在众多的不确定因素，为了应对这种多变复杂的情况当然不可能只有单一的方法。在具体成本的控制过程中，有许多的成本控制方法、计划以及模型供人选择。而成本控制方案的选择是否符合企业的需求，往往是检验企业管理能力的重要标准。

3.连续性

这种连续性体现在成本控制对于其对象的作用是不间断的。成本控制的计算是需要在企业会计的基础上进行的，持续经营是会计基本假设之一。成本控制会伴随经营、制造、实施和生产始终，所以是一个连续的过程。

4.具有整体性

成本控制是对所有费用的支出进行预测和管理。成本控制的对象就是一系列活动操作组成的，成本控制当然是深入每一个环节和流程的。它并不会只针对某一个方面，而是对全流程所有业务活动进行控制管理。如果只针对某具体环节，成本控制就失去了真正作用。

（三）成本控制的作用

成本控制通常必须和质量控制、进度控制相结合，构成对企业和项目的整体管理。通过在准备阶段详细分析、科学仔细地计算再加上丰富的实践经验，对项目进行预算编制和方案计划的确认。在过程中根据计划方案的内容，对项目的所有流程，无论涉及直接费用还是间接费用都进行控制，及时调整保证成本目标的实现。总而言之，成本控制是管理制度中至关重要的一个方面一言以蔽之，成本控制的最终目的其实是提高企业竞争力，促进企业的发展壮大。成本控制明确了成本费用的支出明细，把经济活动对资源消耗水平用直观的数据来体现，方便管理者对经营中各个环节的支出有清晰的了解。有了这些信息为基础，管理者可以提出更合理的成本计划。成本计划又通过成本控制对每一个实施环节的调整得以实现，形成一个闭环。成本控制促使企业合理缩减开支，提高利润获取空间。同时在实施成本控制时，对发现的不利差异进行优化积极。在经济增量放缓的当下，成本控制必将发挥更加重要的作用。

（四）项目成本管理的方法

1.过程控制法

过程控制法是指结合项目进度、质量要求、原材料供需程度以及外部社会等因素，对建设工程全生命周期过程所发生的材料费用、人工费用以及机械使用费用进行严格管控，确保不同施工阶段的各项费用按照财务预算执行。过程控制法以施工机械、人工费用以及施工材料为管理对象，其目的是指通过资源优化配置和项目成本的监督管控，使得项目实施过程中的计划成本和实际成本不发生较大偏离，始终按照前期项目规划实现机械设备、人力资源和物质资源的合理投入。

2.偏差分析法

偏差分析法又被称为挣值法，偏差分析法基于现实目标与目标期望之前的差异对项目花费成本、实施进度以及绩效水平进行偏差分析和管控，具体办法是通过项目工程结构分解实现绩效评价有效量化，经过测量明确目标绩效与实际绩效的偏差并实施修正。在项目实施过程中，项目管理者为了完成项目目标必须将对计划工作和实际工作进行持续对比，借助中间变量对项目质量、成本、进度等关键指标进行测量，根据获取的有效数据对比两者之间的差异，并采取有效措施进行及时修正。

第二节　项目成本预测与计划

一、建筑工程项目成本预测

（一）项目成本预测程序

科学、准确的预测必须遵循合理的预测程序。

1.制定预测计划

制定预测计划是预测工作顺利进行的保证。预测计划的内容主要包括：组织领导及工作布置，配合的部门，时间进度，搜集材料范围等。

2.搜集整理预测资料

根据预测计划，搜集预测资料是进行预测的重要条件。预测资料一般有纵向和横向两方面的数据。纵向资料是企业成本费用的历史数据，据此分析其发展趋势；横向资料是指同类工程项目、同类施工企业的成本资料，据此分析所预测项目与同类项目的差异，并做出估计。

3.选择预测方法

成本的预测方法可以分为定性预测法和定量预测法。

（1）定性预测法是根据经验和专业知识进行判断的一种预测方法。常用的定性预测法有：管理人员判断法、专业人员意见法、专家意见法及市场调查法等。

（2）定量预测法是利用历史成本费用资料以及成本与影响因素之间的数量关系，通过一定的数学模型来推测、计算未来成本的可能结果。

4.成本初步预测

根据定性预测的方法及一些横向成本资料的定量预测，对成本进行初步估计。这一步的结果往往比较粗糙，需要结合现在的成本水平进行修正，才能保证预测结果的质量。

5.影响成本水平的因素预测

影响成本水平因素主要有：物价变化、劳动生产率、物料消耗指标、项目管理费开支、企业管理层次等。可根据近期内工程实施情况、本企业及分包企业情况、市场行情等，推测未来哪些因素会对成本费用水平产生影响，其结果如何。

6.成本预测

根据初步的成本预测以及对成本水平变化因素预测结果，确定成本情况。

7.分析预测

误差成本预测往往与实施过程中及其后的实际成本有出入，而产生预测误差。预测误差大小，反映预测准确程度的高低。如果误差较大，应分析产生误差的原因，并积累经验。

（二）项目成本预测方法

1.定性预测方法

成本的定性预测指成本管理人员根据专业知识和实践经验，通过调查研究，利用已有资料，对成本的发展趋势及可能达到的水平所作的分析和推断。由于定性预测主要依靠管理人员的素质和判断能力，因而这种方法必须建立在对项目成本耗费的历史资料、现状及影响因素深刻了解的基础之上。

定性预测偏重于对市场行情的发展方向和施工中各种影响项目成本因素的分析，发挥专家经验和主观能动性，比较灵活，可以较快地提出预测结果；但进行定性预测时，也要尽可能地搜集数据，运用数学方法，其结愚通常也是从数量上测算。这种方法简便易行，在资料不多、难以进行定量预测时最为适用。

在项目成本预测的过程中，经常采用的定性预测方法主要有：经验评判法、专家会议法、德尔菲法和主观概率法等。

2.定量预测方法

定量预测方法也称统计预测方法，是根据已掌握的比较完备的历史统计数据，运用一定数学方法进行科学的加工整理，借以揭示有关变量之间的规律性联系，从而推判未来发展变化情况。

定量预测偏重于数量方面的分析，重视预测对象的变化程度，能将变化程度在数量上准确地描述；它需要积累和掌握历史统计数据，客观实际资料，作为预测的依据，运用数学方法进行处理分析，受主观因素影响较少。

定量预测的主要方法有：算术平均法、回归分析法、高低点法、量本利分析法和因素分析法。

二、建筑工程项目成本计划

（一）项目成本计划的原则和程序

1.项目成本计划的原则

（1）合法性原则。

（2）先进可行性原则。

（3）弹性原则。

（4）可比性原则。

（5）统一领导分级管理的原则。

（6）从实际出发的原则。

（7）与其他计划结合的原则。

2.项目成本计划编制的程序

编制成本计划的程序，因项目的规模大小、管理要求不同而不同。大中型项目一般采用分级编制的方式，即先由各部门提出部门成本计划，再由项目经理部汇总编制全项目工程的成本计划；小型项目一般采用集中编制方式，即由项目经理部先编制各部门成本计划，再汇总编制全项目的成本计划。

（二）项目成本计划的内容

1.项目成本计划的组成

建设项目成本计划基本上由建设项目直接成本计划和建设项目间接成本计划组成。如果项目有辅助生产单位，成本计划还包括产品成本计划和活动成本计划。

（1）直接成本计划

直接成本计划主要反映预算值、计划削减量和计划项目成本削减率。直接费用计划明细如下：

①编制说明。是指对工程范围、招标程序和合同条款、承包商向项目经理提出的目标责任成本、编制工程造价估算的指导思想和依据等的详细说明。

②工程造价计划指标。项目成本计划指标应通过科学分析和预测确定，可采用比较法和因素分析法确定。

③工程量清单所列单位工程计划造价汇总表。

④按成本类型划分的项目单位成本汇总表根据单项成本分析，将人工成本、材料成本、机械成本、资产成本、企业管理费和税金分别汇总，形成项目单位成本计划。

⑤项目计划成本应在确定并持续优化项目实施方案的假设下编制，实施方案不同会导致直接工程成本、计量成本和企业管理成本存在差异。编制成本估算是项目初期成本控制的重要手段。因此，应在开工前做好准备工作，使计划成本得以分配和自行执行，并为各项成本的执行提供明确的目标、控制和管理措施。

（2）间接费用

间接费用的计划主要反映计划数量、预算收入和工地管理费用的减少。间接费用计划应以项目核算期间为依据，以项目总收入管理费用为依据，制定各部门的费用收支计划，汇总后作为项目管理费用计划。在间接成本计划中，收入应符合计费标准，费用应符合会计核算中管理成本的次要项目。间接成本计划的总收入和费用应与项目成本计划管理费用栏中的金额相匹配。各部门要本着节约成本、降低成本的原则，制定《管理费用集中协议实施办法》，确保方案的实施。

2.项目成本计划表

（1）项目成本计划任务表

项目成本计划任务表主要是反映项目预算成本、计划成本、成本降低额、成本降低率的文件，是落实成本降低任务的依据。

（2）项目间接成本计划表

项目间接成本计划表主要指施工现场管理费计划表。反映发生在项目经理部的各项施工管理费的预算收入、计划数和降低额。

（3）项目技术组织措施表

项目技术组织措施表由项目经理部有关人员分别就应采取的技术组织措施预测它的经济效益，最后汇总编制而成。编制技术组织措施表的目的，是为了不断采用新工艺、新技术的基础上提高施工技术水平，改善施工工艺过程，推广工业化机械化施工方法，以及通过采纳合理化建议达到降低成本的目的。

（4）项目降低成本计划表

根据企业下达给该项目的降低成本任务和该项目经理部自己确定的降低成本指标而制定出项目成本降低计划。它是编制成本计划任务表的重要依据。它是由项目经理部有关业务和技术人员编制的。其根据是项目的总包和分包的分工，项目中的各有关部门提供的降低成本资料及技术组织措施计划。在编制降低成本计划表时，还应参照企业内外以往同类项目成本计划的实际执行情况。

（三）项目成本计划编制的方法

1.施工预算法

施工预算法，是指以施工图中的工程实物量，套以施工工料消耗定额，计算工料消耗量，并进行工料汇总，然后统一以货币形式反映其施工生产耗费水平。

采用施工预算法编制成本计划，是以单位工程施工预算为依据，并考虑结合技术节约措施计划，以进一步降低施工生产耗费水平。

施工预算法计划成本=施工预算工料消耗费用－技术节约措施计划节约额

2.技术节约措施法

技术节约措施法是指以工程项目计划采取的技术组织措施和节约措施所能取得的经济效果为项目成本降低额，然后求工程项目的计划成本的方法。用公式表示为：

工程项目计划成本=工程项目预算成本－技术节约措施计划节约额（成本降低额）

3.成本习性法

成本习性法是固定成本和变动成本在编制成本计划中的应用，主要按照成本习性，将成本分成固定成本和变动成本两类，以此计算计划成本。具体划分可采用按费用分解的方法。

（1）材料费：与产量有直接联系，属于变动成本。

（2）人工费：在计时工资形式下，生产工人工资属于固定成本，因为不管生产任务完成与否，工资照发，与产量增减无直接联系。如果采用计件超额工资形式，其计件工资部分属于变动成本，奖金、效益工资和浮动工资部分，亦应计入变动成本。

（3）机械使用费：其中有些费用随产量增减而变动，如燃料费、动力费等，属变动成本。有些费用不随产量变动，如机械折旧费、大修理费、机修工和操作工的工资等，属于固定成本。此外还有机械的场外运输费和机械组装拆卸、替换配件、润滑擦拭等经常修理费，由于不直接用于生产，也不随产量增减成正比例变动，而是在生产能力得到充分利用，产量增长时，所分摊的费用就少些，在产量下降时，所分摊的费用就要大一些，所以这部分费用为介于固定成本和变动成本之间的半变动成本，可按一定比例划为固定成本和变动成本。

（4）措施费：水、电、风、气等费用以及现场发生的其他费用，多数与产量发生联系，属于变动成本。

（5）施工管理费：其中大部分在一定产量范围内与产量的增减没有直接联系，如工作人员工资、生产工人辅助工资、工资附加费、办公费、差旅交通费、固定资产使用费、职工教育经费、上级管理费等，基本上属于固定成本。检验试验费、外单位管理费等与产量增减有直接联系，则属于变动成本范围。此外，劳动保护费中的劳保服装费、防暑降温费、防寒用品费，劳动部门都有规定的领用标准和使用年限，基本上属于固定成本范围。技术安全措施费、保健费，大部分与产量有关，属于变动成本。工具用具使用费中，行政使用的家具费属固定成本。工人领用工具，随管理制度不同而不同，有些企业对机修工、电工、钢筋、车工、钳工、刨工的工具按定额配备，规定使用年限，定期以旧换新，属于固定成本；而对民工、木工、抹灰工、油漆工的工具采取定额人工数、定价包干，则又属于变动成本。

在成本按习性划分为固定成本和变动成本后，可用下列公式计算：

工程项目计划成本=项目变动成本总额+项目固定成本总额

第三节　项目成本控制

一、项目成本管理改进目标与原则

（一）改进的总体目标

公司关于工程项目的成本管理工作的改进总体目标是要建立健全项目全过程成本管理。采用了目标成本管理理论、项目全过程成本管理理论和价值链成本管理理论，对产生问题的主要原因进行系统分析。并考虑了公司现有的工程项目成本管理体系，采取措施使公司工程项目的成本管理系统得到进一步完善，并建立健全的建设项目的全过程成本管理体系。

（二）改进的基本原则

关于优化工程项目的成本管理体系主要包括以下几个原则：

（1）责、权明确原则。公司需要根据实际需求设立职能部门和岗位时，因事设岗，并明确其权力和责任。

（2）分工明确协作原则。工程项目成本管理工作涉及经营管理、财务、质量安全、生产技术等多个部门及岗位，所以在日常工作中要做好部门间的衔接工作，要有团队合作意识。

（3）全过程管理原则。基于项目成本管理体系贯通于成本形成的完整价值链及生命周期，也涉及从项目投标启动至项目竣工验收的全部过程。全过程原则要求在工程项目成本管理过程中考虑到各个环节及各个部门的所有工作。

二、项目成本管理改进的具体建议

（一）加强部门协作沟通

部分建筑工程公司各部门之间还是有一定的配合，但这种配合仅限于提供资料，下发目标任务。当一个新的成本核算方法引入企业，这种程度的配合就有点捉襟见肘了。作业成本法的基础资料信息的收集阶段格外重要，这些信息会直接影响成本动因的选择，进而影响核算的最终结果。施工现场人员提供的资料有时并不满足财务核算人员的要求，但财务人员往往没有进驻施工现场，所以基础数据的统计需要花费大量时间。沟通的缺失容易造成信息失真，增加管理核算的成本。所以企业应该定期开展部门交流，做到业务部门了解财务需求，财务部门知道业务流程，公司才可以在保证工作效率的同时提升的管理能力。

公司在以往的工作中，常常在具体数据及问题反馈的传达中存在延迟和错误。部门协作沟通的加强有利的减少了信息的错漏，降低因核对信息而产生的时间成本，避免工作安排滞后的情况出现。

同时根据建筑工程的实际情况，设立财务与工程部的人员跨部门轮岗制度。减少部门间的沟通差错的可能性，在轮岗期间对其他部门业务流程详细了解，也对其他部门同事进行了一定的知识普及。在轮岗结束回归本部门后，对于部门如何规范跨部门沟通也有巨大的积极作用。

（二）继续提升成本管理的信息化水平

为了保证作业成本法最大限度地发挥作用，同时建筑工程公司各部门都是计算机办公，人员的计算机水平较高。综合上述有利因素，企业为了确保作业成本法的应用可以考虑建立一个完整的信息系统。将那些庞大而繁琐的数据输入的系统，各部门都按照一个固定的逻辑对数据进行录入工作。这样做的好处显而易见，在作业成本法的计算阶段，根据字段提取信息，为相关人员提供准确和快速的基础信息。适合工程公司经营模式的成本信息管理系统。核算人员通过对系统信息的提取，全面了解构成项目状况，确定相应成本动因。在作业成本法的分析阶段，通过成本计算发现的偏差点，更迅速的找出对应流程环节，及时采取措施予以纠正。由此可见，成本信息管理系统的建立对于一个公司来说是必不可少的，实现信息化管理有利于增加企业利润，提高内部管理水平。

（三）建立人员激励机制

激励机制一种有力手段，在作业成本法的实施中发挥正面影响。在公司中新的方法进入企业日常工作之中，肯定会带来新的认识和对以前工作流程的冲击。财务人员是成本法的直接使用人员，所以直面这一变化的首先是财务人员。面对这种情况，难免会生出畏难情绪，甚至是抵触情绪。通过激励机制的建立，提高人员的学习积极性，调动主观能动性去解决作业成本法使用中遇到的困难。采用激励机制，把作业成本法的应用好坏与薪资挂钩，效果必然立竿见影。

（四）提供培训渠道，加强人员培养

在公司实施上述措施时，还需要企业的工作人员提供相应学习渠道。部分建筑公司是首次引入作业成本法，人员对于该方法是陌生的。企业可以聘请有经验的学者，对内部人员进行培训，让相关人员可以从专业渠道获得作业成本法的知识，确保其在使用中的正确。作业成本法是对资源耗用活动的归集与分析，它不仅要核算成本，还需要对项目的实施过程进行研究。对具体流程环节的优化和改进，不单要管理层的决策与参与，更需要全体员工的积极参与，这就要求员工对作业成本法有一定的学习理解。提供培训渠道，加强人员培养，直接影响着作业成本法的实施效果。

（五）着眼于公司长期的发展

在实际经营过程中变更成本核算和管理方法往往意味着不小的投入，对作业成本法的使用从陌生到熟练，其间涉及时间成本、人员培训投入、硬件设施完善投入等等，都会在短期内使企业成本不降反升。但是管理层应该放眼于公司的长期发展，建立大局意识。深刻理解应用作业成本法对公司的意义，从源头重视方法的引入和实施。准确完整的成本核算体系，通过对核算结果的分析得出具体环节的改进方向，为企业发展决策提供高质量的信息。在未来的市场竞争中，这种高效、精准的成本控制才能为企业争得一席之地。例如，工程、质检和营销等不会直接参与作业成本法使用的部门及人员，也需要对作业成本法的理论和具体要点有一定的理解。在部门间配合工作完成核算时，才可以更为准确地提供财务部需要的资料信息。管理层应该

鼓励员工对成本作业法进行学习，不要惧怕在方法初步实施中遇到的困难。企业自上而下地推动作业成本法的使用，通过管理层的引导员工自觉参与成本控制；员工的积极参与带来更多细微问题的发现，并及时反馈给管理层。两相作用，企业的才能在作业成本法的实施中，切实地获得优势。对企业未来的发展提供良好的成本控制管理体系和保障基础。

（六）建立完善的成本管理管理体系

公司必须进一步完善其组织架构，如可以增设成本管理部门，通过加强组织领导成本管理工作，以达到进一步提升工程项目的成本管理效率。

1.成立成本管理领导小组

为保证公司对项目成本管理的加强领导，建立工程项目的成本管理的领导组织，由总经理担任领导小组责任人，副总担任领导小组副责任人，各科室科长担任成员，下设成本管理科，并共同组建项目成本决策委员会。

2.成本管理领导小组工作职责

第一，主要负责工程项目的成本管理的日常监督工作，并统筹安排公司承揽项目的成本核算和控制；

第二，主要负责审查项目部的成本计划执行情况以及分析报告；

第三，主要负责审核公司及项目部的成本管理考核流程和标准；

第四，主要负责审核工程项目的成本管理风险应对方案并提出建议；

第五，主要负责制定工程项目实施中重大成本管理事项的决策原则和保障机制。

（七）注重目标成本的测算及分解

1.目标成本准确测算

目标成本测算工作是确定项目成本管理目标和实现利润目标的基本工作。以尽可能详细的投标测算结果为基准，中标后分解公司经营经济目标和项目目标，通过详细测算确定目标成本。在项目投标启动前，公司应充分研究招标文件、工程量清单及设计图纸，仔细分析项目实施内容，应加强各部门之间的沟通协作。项目的招投标工作必须根据编制的成本管理计划，结合项目实施阶段的成本管理方案，还要充分了解当期市场情况，详细调查了解各类施工材料价格、劳务人员工资等，编制工程项目投标预算。从而制定更符合实际情况，更准确合理的目标成本。适当合理采用不平衡报价策略，降低风险，提高利润率。

2.目标成本全员分解

将公司下达的目标成本进行参与项目成本管理工作的全员进行分解，让每人都知道自己承担的成本责任，如何去完成成本目标，成本责任完成与否跟自己薪酬的影响。根据岗位职责和成本管理的内容进行目标成本的分解。先按成本费用组成划分为人工、材料、机械成本费用及间接费等，然后再按职能部门进行分解，最后按照部门岗位职责分解到每个员工。

（八）建立投标阶段的成本预测

在投标阶段，应结合公司内外部影响因素及风险情况预测项目的目标成本，以指导下一阶段的工程项目成本计划及控制工作。经营管理部在测算工程项目的成本预算目标时，应把此阶段作为项目整体进行考虑。不能盲目进行投标，而要结合公司的实际承接项目能力以及资金状况。投标管理人员在进行投标工作时不能只追求能否成功中标，也需要综合考虑投标支出成本，把其控制在可承受范围内。在此阶段，可将成本管理效果和相关投标人员的绩效进行结合挂钩。使经营管理部门能够宏观把控投标目标成本，使投标管理人员对投标测算工作有更加全面地认识。不能仅仅关注投标结果，也不能忽视期间发生的其他费用。

公司还应该建立相应的不平衡调价的管理流程。投标过程中，主要针对图纸设计不规范、缺少相关图纸表述、没有工程量清单作为报价的参考资料等等存在不确定因素的情况，通过采取不平衡报价法对投标报价进行调整。还应结合项目所在地的实际情况、项目特点、以往施工经验等因素来综合考虑报价的调整方案。针对那些模棱两可的清单项应适当降低其综合单价，同时对于以那些肯定能收回价款的清单项目适当调高其综合单价，用此方式运用利润闭合的技巧进行报价。然而对于工程项目中用到的新材料、新设备以及新工艺，要从施工工艺方面、实际运用效果方面以及市场价格方面等等进行及时地实地考察分析，并且还要清楚建设单位在以往项目中的操作惯用做法。基于此再综合判断项目实施后期会不会有变更状况发生，从而再决定合理科学的报价。

对于造价编制单位的选择要谨慎，从经验丰富、信誉良好的造价咨询单位之间进行优选。在工程项目投标过程中，由甲方提供工程量清单，然后由公司安排内部造价人员编制工程造价投标。个人经验和过强的主观性会影响项目成本预测，产生主观偏差。如果完全套用省定额、省清单规范要求就很容易脱离实际施工情况。尤其在人工方面，省定额标准远远低于当前实际人工价，因此影响预算编制的客观因素很多。所以重视投标报价的编制工作，从与公司合作的或者行业内口碑较好的造价咨询单位中进行优选，保证投标报价的准确性。

施工承包合同是为了确定业主单位和施工单位各方的权利与义务而订立

的契约。在该阶段与业主方进行合同谈判时，双方应当充分考虑合同条款的合法性、合理性，并做好在此阶段的履约管理工作。在协议签署之前，要对对方的市场主体资质、信用能力、履约实力和协议内容等进行调研与核实。对于重要事项的协议，应聘或邀请律师等专门人员对协议内容进行审查把关，并签署法律意见。禁止与毫无履约能力，或者明显履约能力欠缺的其他单位或者组织签订合同。对机械设备、建筑材料的购销在双方签约之前，要针对供货单位进行考察，选择社会信誉好的、价格低的、离项目所在地附近的供货商作为供货单位。供货单位提供有效的营业执照复印件等相关证件，存放至安全质量部备案。财务类、担保类合同及协议，财务资产部要进行把关。充分了解工程情况及项目部财务情况，依照实际情况签订合同，规避风险，合同签订后放至财务资产部进行备案。公司应该详细分析各种影响因素，提出全面合理的预测。若发现存在不利于公司利益的条款，应及时同业主方沟通谈判。

（九）优化施工阶段的成本控制与分析

全过程成本管理的关键阶段是施工阶段，所以需采取以下措施控制好施工阶段的成本：

1.加强施工过程成本控制与分析

加强材料成本管理。材料成本在整个工程成本核算中有着很重要的分量，一般能占到项目工程造价的60%左右，甚至更多。所以要想有效控制项目生产成本，就必须严格控制用料成本，既要管控好物料单价，又要管控好物料剂量。在材料价格方面，因为钢筋、混凝土等建筑主材产品价格受市场需求和行业政策等因素影响波动幅度很大，所以企业在采购前先要进行定价咨询工作。以掌握工程建设期间所需要建筑材料的价位区间，并了解市场供求关系变化的规律性，再综合考察建筑材料品质与价位，并挑选性价比较好可信度高的供货商开展报价合作。同时还需综合考虑材料的具体用量和运费。在建筑材料使用上，在建设项目实施中，建立健全建筑材料领用管理制度。严格根据施工定额确定的建筑材料总量，限制领料，在材料预算范围内合理使用用量。通过完善施工方案和优化施工技术，适时调节建筑材料种类与用量，使建设项目各施工阶段建筑材料消耗比较合理，在保证质量的前提下最大限度节省建筑材料用量。

加强人工成本控制。人工成本在整个工程项目成本中一般占15%-20%，且人工价格易随市场需求不断变化。人工通过实行定额方式进行控制，严格控制用工数量来实现。一是严格按照国家建设技术规范要求、项目施工进度质量要求，科学部署施工工序。科学合理地利用劳动力，缩短人工与机器的停滞时限，合理利用工作面，确保流水施工，做到科学组织施工；合理投放资源，加快建设进度，减少建筑成本。二是定期组织职工开展培训，不断提升施工人员的专业技术与工艺程度，力求进一步提高效率。三是实施弹性需求的劳动力管理。为保证施工单位技术骨干和基层施工人员队伍的相对稳定，对于短期内需求的建筑力量，可在劳务市场实行弹性调剂管理。

加强机械设备成本管理。机械设备费是建设施工成本中直接费用的主要部分。随着建筑装配式的大力推行，建筑施工机械化程度日益提高，其所占比重也不断上升。根据科学确定工期、合理组织施工的原则，提高工作效率和利用率。对于采购或租赁机械设备方面，也要综合考虑工程项目的实际情况特征。对自有设备，要做到定期养护，使之维持在较好的运行状况，提高设备台班产量和工作效率。

2.加强施工过程变更管理

在项目施工阶段，往往会出现设计图纸粗糙、实际施工地质环境与发包图纸出入较大、自然环境影响及业主诉求发生变化等情况，造成施工过程中设计变更或者工程量变更。企业应当根据工程现场的实际状况，认真研读合同条款，综合考虑技术方法变化、标准计量规范、新增加工程项目单价的认定依据等问题。并及时进行与各方交流，配合检查工作，确认好工程量变动的具体内容和数量。并报送业主单位和工程监理审批核算，对有关的签证变更资料也应当签名或盖章，确保签证变更资料齐全完整，便于作为结算的依据。

（十）完善竣工结算阶段的成本考核机制

做好项目竣工结算阶段的成本管理是企业提高项目收益的最直接有效的途径，也是企业达到项目收益最大化目标的最有效方法。竣工结算成本管理，是指业主单位在对施工单位根据设计图纸要求进行的项目实施直至竣工验收后进行工程核对工作，并一直延续至该项目全部的款项都收到结算完毕。同时各个部门尽可能完成好由他们承担的日常管理工作，并主动协助项目的竣工验收工作，使项目竣工结算工作顺畅有序地开展。

1.加强结算资料管理

公司管理层制定文件资料管理细则，项目部及相关部门按要求执行。安排专人，认真查阅、梳理和汇总与工程造价有关的资料文件。并作好对项目各个付款节点的工程量测算、工程设计更改、现场签证和合同索赔等管理工作。为工程竣工结算增加的工作量提供了基础，力求在结算阶段增加工程价款，争取最大化利润。工程项目竣工后，公司应及时通知业主单位和监理单位进行验收，并推进结算核对工作。

2.做好成本考核工作

基于施工阶段和竣工阶段的成本分析而制定成本考核措施。以目标和计划成本作为研究数据。计划成本的基础是目标成本，目标成本的基础是投标时测算的成本，从而确保工程项目的成本管理是环环相扣的，任何环节有偏差都将影响其后工作的准确性。因此工程项目的成本管理工作应该从全过程的角度出发，必须从投标阶段的成本测算开始重视，这样才能保证成本管理工作的连贯性和准确性。

在项目决算造价以及各项目的费用成本最终确定之后，项目部人员要及时整理、汇总、梳理、总结项目相关的成本资料并提交给公司。由公司及项目部相关人员将成本的实际与计划指标进行对照分析以及考核，并且以此来检查项目的成本计划的实施完成情况，从而给相关责任人员以一定的奖惩措施。

三、公司工程项目成本管理的保障措施

（一）组织保障措施

工程项目的成本管理工作能否顺利进行是以组织作为保障的。只有组织管理体系能够完善和有序地运行，才能确保项目的成本管理工作可以按照既定目标开展。在项目成立之初，根据工作需要，及时有效地设立与之匹配的管理组织架构。不仅有利于强化提升日常管理工作，另外也能更好地支持成本控制。建议由负责项目成本的管理人作为常务经理，项目技术负责人、项目财务负责人、担任项目常务副组长，同时还要编入财务、造价管理人员，日常对项目成本管理相关事宜做出实时跟进和应对。

此外，随着公司发展方向和业务结构的调整，外部市场业务任务比例不断扩大。为了减少外包成本，同时还要满足达到高标准高质量的投标工作，

可以在公司内部成立自己的招投标部门，专门负责公司外部市场投标工作以及内部各种分包承包项目的招标工作所需的相关资料文件的编制整理和存档。同时，需要各个部门在投标开始阶段就能够及时沟通，在职责范围内分解项目目标，识别风险并规避风险，努力协作完成任务。拿到招标文件后，应专门成立投标工作小组，认真研究文件，仔细剖析招标文件中隐藏的不平衡条款，并合理分配职责。保证参与人员能够各司其职，积极主动完成自己的工作职责，确保投标文件的准确性以及投标报价的科学性、合理性和正确性。做到不缺项不漏项，没有定额子目套用错误等等，最终完成投标文件的编制。通过这种方式，既满足公司当前业务发展需求，又能有效控制投标成本的控制。

（二）制度保障措施

对公司而言，要想做到项目成本管理的高效进行，就不仅仅要加强项目全过程成本管理工作，而且还要建立健全项目成本管理体系。

1.建立责、权、利成本管理体系

贯彻实施责、权、利结合的项目成本管理准则，才能使工程项目成本真正发挥及时有效的作用。"责"是实现成本管理工作技术指标的职责；"权"是赋予职责承担人实现成本管理工作技术指标采取措施的权力；"利"是指通过分析实现成本管理指标状况，应当被给予的奖惩。项目中以项目经理为项目成本费用管理的中心，遵循责权利结合的基本原则，明确地界定了目标成本管理职责与权力，以做到项目成本费用管理各个部分和各个成员的职责与权力相对等。并针对必须履行的职能赋予一定的执行权力，以实现各司其职。这样才能发挥员工的主动性、积极性和创造性，确保项目成本管理工作能够充分有效执行。

2.建立责任成本考核奖惩制度

实施项目目标成本管理，就必须加强对负责成本管理工作的考核、审计与执行，并通过建立健全的管理约束和机制，不断加强项目责任成本管理。项目成本考核的主要目的是根据责权利相结合的管理原则，以推动工程项目成本管理的健康发展，从而更好地实现工程目标。成本考核的要点是完成工程量、材料费、人工费及机械设备费四大指标，根据考核结果决定奖惩。考核时间的选择可根据不同项目工期分月度、季度、年度和竣工考核；或按分部分项工程的进度考核。

（三）人员保障措施

1.树立全员项目成本管理意识

公司要想健康持续地发展，离不开有效的工程项目成本管理。而工程项目成本管理涉及项目实施各个阶段、每个员工。必须让公司及项目部人员意识到，在当前千变万化的市场环境下，加强项目成本管理是关系到每个部门、每个员工的切身利益。树立全员的项目成本管理理念，将成本目标任务落实到每个员工，强化全体员工的成本管理意识。公司应加大项目成本管理的宣讲力度和培训次数，不仅要提高项目相关成本管理人员的专业水平还要关注其他员工专业素质的提高。并加大资金投入，为公司培养高素质高水平的项目成本管理人才。

工程项目成本管理工作是指对建设项目所实施的动态的、全过程的、多方位的成本管理。公司必须建立全员都能掌握的工程项目成本管理体系，各个部门必须各司其职，通力配合，认真做好项目的招投标、施工、竣工结算阶段的成本管理及监督工作。公司还应从实际情况出发，建立相关的动态反馈机制，使得每一位员工都能拥有项目成本管理工作的知情权，达到信息共享的效果，真正推动项目成本管理工作在公司管理的全面发展。

2.加强工程项目的激励机制和约束机制

公司必须建立健全激励机制和约束机制。充分挖掘相关人员的积极性和主动性，特别是进一步提升项目经理的潜力，使其将自身利益同公司利益紧紧联系起来，为公司赚取更高的利润，同时还应当有约束项目经理行为的机制。二者相互配合，相辅相成，均衡统一，使项目成本管理工作取得显著成效。

（1）完善激励机制

完善激励机制，培养公司员工责任感和使命感，强化全员项目成本管理意识，把切身利益同成本管理责任融为一体。通过薪酬激励机制，特别是要把绩效奖金视为企业项目经理的重点收入。但由于企业运营管理模式主要为项目内部的承包责任制，项目经理作为第一责任人，承担着主要责任，同时也承担着较高风险，所以自然需要匹配较高的报酬。同时保证激励有度，收入拉开档次，账目清楚，及时兑现。通过非货币激励，如评优评先、职位晋升、带薪休假等，使员工获取更高更好层次需求的满足感，往往比物质激励的作用更加突出。通过公司文化价值观激励，营造和谐的公司文化氛围。提高公司员工的认同感和融入感，强化工程项目成本管理相关人员的忠诚度，以确保企业能够持续健康地发展。

（2）完善约束机制

完善约束机制，遵循公开公平正义的原则，保证奖罚分明，有据可依，保障激励机制的有效实施。通过提出具体约束措施和指标，对项目执行过程中可能存在的问题作出标准化规定，如材料用量超支、施工质量不满足要求、工程工期滞后及签证变更多等现象，执行相应的约束机制。通过其保障，使项目成本管理人员的职能得到充分发挥，进而有效管理工程项目的成本。

第三章　建筑工程施工管理

本章的主要内容是建筑工程施工管理，依次介绍了两个方面的内容，分别是施工质量管理概述以及工程质量控制与监理。期望能够通过作者的讲解，提升大家对相关方面知识的掌握。

第一节　施工质量管理概述

一、建筑工程质量检测

（一）建筑工程质量检测的意义

在建筑工程中进行质量检测，对建筑工程施工的整个过程中每个环节都具有重要的意义。

其一，进行建筑工程质量检测，可以有效提升工程质量。建筑工程具有施工工期长、施工复杂、规模大等特点，在建筑工程施工过程中会有很多的不确定因素造成工程质量不达标，工程投入成本增加等情况。建筑施工工程质量检测是有效控制工程成本、保证施工安全的重要基础。建筑工程施工过程中，原材料的细微变化、施工机械的磨损或是操作方法不当都会造成建筑工程施工质量事故的发生，而且建筑工程施工由于存在很多隐蔽工程，进行质量检测时难免会有疏漏，从而引起质量问题。因此，必须严格进行建筑工程的质量检测，以保证并提升整个建筑工程的质量水平。

其二，进行建筑工程质量检测，可以提高工程建设效率。就目前我国的建筑工程领域发展现状而言，仍然存在着因为施工技术和施工工艺水平不高而导致工程建设效率较低的情况。针对此种情况，在质量管理规定的基础上进行严格的质量检测，对原有检测过程中的不合格、不合规以及不合法的行为进行有效约束，可以为这一现状提供有效的解决方案。同时，建筑工程的质量检测也能够促进工程设备的正常运转，工程活动有序进行，进而在一定程度上提高建筑工程施工的效率。

其三，进行建筑工程质量检测，可以控制工程成本。一方面，建筑工程质量检测可以帮助企业提前筛选一部分质量不合格的原材料，这样就可以很好地降低后续施工过程中的返工问题，对提升企业成本控制、减少资金的不必要浪费非常有效。另一方面，建筑工程施工过程中的任何一个环节如果出现质量不合格，又未进行工程质量检测以发现问题，那么势必会在后期给整个工程带来风险或安全隐患，最终造成经济损失。其次，建筑工程质量检测能够提高建筑工程的安全性，对可能存在的问题进行预防，及时发现风险隐患。

（二）建筑工程质量检测行业规范性

建筑工程质量检测行业规范性即指建筑工程质量检测这一行业的规范性状态。目前，建筑工程质量检测在我国已经形成一定的市场规模。经历多年的市场化发展，针对该行业的多项政策规定，行业标准等等已经建立。然后，由于依旧处于发展阶段，该行业存在很多不规范的现象。参考已有的研究行业规范性问题的相关研究中对"行业规范性"这一术语的解释，可以将建筑工程质量检测的行业规范性定义为：建筑工程质量检测行业的政府监管、政策法规保障、企业经营、人员操作等满足建筑工程质量检测行业有序、健康及先进发展的要求的程度。建筑工程质量检测行业规范性主要可以通过以下几个方面得以体现。第一，主管部门的监督管理到位；第二，相应的政策、标准和规定健全；第三，建筑工程质量检测机构依法依规运营；第四，建筑工程质量检测工作流程和结果科学、合理、公正、真实、有效。由该定义可知，建筑工程质量检测行业规范性是公共监管部门和质量检测机构工作作用的结果。要分析行业规范性现状，就需要同时考虑公共监管部门的因素和质量检测机构的因素，且在制定改进对策时，也应考虑到双方的相互作用的影响。

二、基于指标分析的评价机制建立

在行业规范性分析的基础上，解决行业的关键问题，是促进行业发展的有效途径。在上一章节中，本研究构建起了一套完整的建筑工程质量检测行业规范性评价指标体系，仅有一套评价指标不足以分析行业规范性现状，还需要有一套利用该指标进行行业规范性分析评价以及通过分析评价提出改进措施的方法和途径。

（一）评价机制概述

一个地区的建筑工程质量检测行业规范性可能呈现出多种特点和问题，然而，这些问题总会存在影响程度大小的差异，也即会存在关键问题和次要问题的区分。在针对建筑工程质量检测行业规范性问题制定改进对策时，由于资源的有限性，无法顾及所有问题。这时比较有效的、可行性较高的方法便是找出行业规范性中的关键问题，然后针对关键问题，提出相应的改进对策。基于这一思想，论文在构建行业改进对策提出方法时，也采取先从所有的建筑工程质量检测行业规范性评价指标中找出关键指标，确定了关键指标，也即找出了关键问题。然后，根据关键指标制定改进对策，便有效且可行地完成了改进对策的提出。

对于行业改进对策的提出，主要分为四个步骤。第一步是基于论文构建起的建筑工程质量检测行业规范性评价指标体系，利用专家调查法获取业内专家基于所针对的地区实际情况，对该地区建筑工程质量检测行业规范性的各个指标进行评价，具体实施主要有拟定调查提纲、实施专家调查以及调查结果处理。该步骤的核心在于为后续的层次分析法实施奠定数据基础。第二步是实施层次分析法，其目的是基于第一步收集到的量化数据，从建筑工程质量检测行业规范性评价指标体系中量化的分析出关键指标。该环节具体包括建立层次分析法模型、构建判断矩阵、判断矩阵一致性检验以及计算各个建筑工程质量检测行业规范性评价指标的相对权重大小。第三步是基于层次分析法获取到的各个建筑工程质量检测行业规范性评价指标的相对权重大小，提取出关键指标。第四步是基于上一步得出的关键指标，有针对性地提出改进对策建议。下文将对该评价机制中的专家调查法和层次分析法这两个核心环节进行详细分析阐述。

（二）基于专家调查法获取量化数据

目的获取到专业人士对某一特定地区的建筑工程质量检测行业规范性在指标体系中的各个指标上的表现评价。对于一般的行业规范性分析评价，当前存在多种可用的科学研究方法，如专家调查法、行业大数据分析法等等。专家调查法是一种结构化的决策支持技术，它的目的是在讯息收集过程中，通过多位专家的独立的反复主观判断，获得相对客观的讯息、意见和见解。专家调查法特别适用于解决缺少或不易获得信息资料和历史数据，而又较多地受到社会的、政治的、人为的、经济的因素影响的目标对象的剖析和预测问题。

论文决定采用专家调查法，其一专家调查法的本质与论文的需求相一致；其二是因为建筑工程质量检测行业专业性较强，非专业人员较难熟悉整个行业的实际情况，对整个行业有较为全面了解的人一般是业内的少数人员；其三是因行业竞争激烈、各检测机构一般不愿意公开相关数据，因而难以通过全面的客观数据分析进而对整个行业做出现状评价。其四是专家调查法在对某一个专业领域中的具体问题进行评价分析的研究中已经得到较为广泛的应用SI。综上可知，论文采用专家调查法具有较好的适用性和可行性。

专家调查法又称"德尔菲法"，是围绕某一主题或问题，征询有关专家或权威人士的意见和看法的研究方法。专家调查法实施流程主要可以分为以下四个环节：（1）拟定调查提纲；（2）确定调查专家；（3）实施专家调查；（4）处理专家调查结果。下文将对这四个环节分别进行阐述。

拟定调查提纲。专家调查提纲是进行专家调查的具体内容表达，是与专家进行交流过程中获取专家意见、观点、评价等的依据。专家调查提纲常采用专家调查问卷的形式呈现。一般而言，专家调查问卷包括两个部分，第一部分是对与调查主题密切相关的专家基本信息的调查，第二部分是专家对本次调查所针对的主题或问题的意见、观点或评价的记录。在设计专家调查问卷时，问题要明确。其次，问题的数量要适中，问题的设计要避免产生混淆。此外，需要向专家提供必要的背景材料，以促进专家对调查问题的理解。

确定调查专家。在实施专家调查法时，对所选择的专家对象，一般有以下几点要求。其一是代表性，也即所选择的调查专家要有广泛的代表性。这一代表性可以通过两个方面体现，一方面是专家本身在特定的行业内要具有一定代表性，熟悉该行业的业务，有一定的业内声望，另一方面是所有专家应该来自不同单位，不同背景。其二是数量适中性。选定的专家人数不宜太少（导致代表性不足）也不宜太多（导致过度的调查工作量），一般10至50人为宜。

实施专家调查。如前所述，在实施专家调查时，一般进行三轮调查。第一轮先利用设计好的专家调查提纲（一般是专家调查问卷形式），收集各个专家的意见或评价。第二轮是将汇总的专家意见提供给每一位专家，让各个专家在了解了其他专家（匿名）的意见后，再对自己的意见做出修改完善，然后收回所有专家意见。第三轮是对收集到的专家意见进行整理，有时也需要根据整理结果决定是否需要进行更多轮次的专家调查（例如当同一专家在两轮调查中的意见自相矛盾时）。

专家调查结果处理。该过程是根据专家调查获取到的结果数据，进行科学的分析，从中得出特定的分析结论或验证某些假设。对于专家调查结果的处理，一般采用中位数法，把处于中位数的专家意见作为调查的结论进行总结。而在论文中，为使专家调查结果更加科学合理且严谨，论文决定结合层次分析法，对专家调查法获取到的结果数据进行分析。下一小节将对层次分析法的概念和一般步骤进行阐述。

（三）利用层次分析法确定指标权重

层次分析法是一种将大系统中多层次、多目标决策的定性问题转化为定量问题进行处理的数学方法。应用层次分析法可以定量地从所有指标因素中区分出主要指标因素和次要指标因素，且该方法简便易行。论文需要实现的是针对某一特定地区，基于专家调查的结果，从所有的建筑工程质量检测行业规范性评价指标中分析出关键指标，然后基于关键指标，提出该地区建筑工程质量检测行业的改进对策。层次分析法正好满足了这一需求。此外，通过知网CNKI对指标分析类的文献进行检索，不难发现目前已有大量的研究文献采用了层次分析法进行主要和次要指标因素的分析研究。因此，论文采用层次分析法来从所有建筑工程质量检测行业规范性评价指标中分析出关键指标，具有较好的适用性和可行性。

层次分析法的实施主要包括四个主要步骤，下文将对四个步骤进行详细阐述。

建立层次分析模型。建立层次分析模型的目的是将研究问题所涉及的各个指标因素构建为不同层次、相互关联以及有序逻辑体系，以便对指标因素进行量化一个完整的层次分析模型包含目标层、准则层和备选方案层。

构建判断矩阵。构建判断矩阵的目的是将多对指标因素之间的比较判断结果进行量化呈现。在判断矩阵中，一般采取五级标度值法对指标因素的比较结果进行量化，从而将定性的比较问题转化为定量的比较问题。

计算指标权重。利用通过了一致性检验的判断矩阵，计算出所有指标因素的相对权重（也称全局权重），其计算方法就是取判断矩阵最大特征向量的特征值。在实际操作过程中，尤其是采用问卷调查之类的方法进行判断矩阵数据获取时，因为每一份答卷都是一个完整的判断矩阵，每一个判断矩阵可以计算出一组所有指标的相对权重值。当利用收回的多份答卷作为输入数据时，也即意味着有多个判断矩阵，可以计算出多组所有指标的相对权重。这时对数据的处理方法通常有两种，第一种方法是先利用每一份答卷的矩阵数据计算出一组评价指标的相对权重，然后取算术平均值得到每个指标的全局权重；第二种方法是先将矩阵中每一个题目的数据求取算术平均值，然后利用得到的算术平均值构建一个新的判断矩阵，并利用这个判断矩阵去求取每个指标的权重大小。

（四）获取关键指标并制定对策

在利用专家调查法和层次分析法对各个评价指标进行分析评价后，需要根据分析评价的结果提取关键指标。因为现实中资源往往是有限，在利用有限的资源去提升改善行业规范性现状时，着重关注其中几个最重要的指标往往是最有效的方法。

在获取关键指标时，本研究采用"二八定律"进行提取。"二八定律"揭示了在任何一组事物中，最重要的部分往往只占20%，剩余的80%是次要的。这一定律与"长尾效应"理论相呼应，在企业管理、社会治理等多个领域得到了广泛应用。在利用"二八定律"时，因为通过前述的专家调查法和层次分析法分析，已经得出了各个指标的权重大小排序，权重大的指标，意味着该指标的重要性也越大，因此应当被视为关键指标。根据这一原则，通过提取权重大小排序在所有指标中处于前20%范围的指标，即可获得关键指标。

因为本章节建立的各个关键指标，内含了对现状问题的表述。例如，如果"主管部门对检测行业的监督管理力度"这一指标最终本研究确定为关键评价指标，则其内含的现状问题是：主管部门对检测行业的监管力度不足，以至于在较大程度上导致了建筑工程质量检测行业规范性产生较大问题。当考虑制定改进对策时，便可从这一指标所内含的问题出发，考虑如何克服这一指标反映的问题，进而得出对策。对于上述举例的指标所折射的现状问题，可以得出的改进对策是主管部门提高对建筑工程质量检测行业的监管力度。

第二节　工程质量控制与监理

一、混合型监理模式利弊与建议

工程建设监理是市场经济的产物，是智力密集型的社会化、专业化的技术服务。实践证明，在建设领域，实行工程建设监理制正是实现两个带有全局性的根本转变的有效途径，是搞好工程建设的客观需要。混合型监理模式，即业主或建设单位（以下统称为建设方）与社会监理单位相结合进行监理的模式。建设方可能是官员，也可能是投资者。其具体表现为：

（1）建设方自行组建总监办公室或总监代表处，一般附属于带有行政管理性质的工程建设指挥部，或者只不过是指挥部的一个职能部门，而分管合同段的驻地监理办公室则委托专业性的社会监理单位组建；

（2）社会监理单位主要承担或只承担质量监理，进度监理、费用监理和合同管理等由建设方（或主要由建设方）直接控制；

（3）建设方办事机构中仍设置较庞大的管理部门，并派出人员直接参与现场监督或监理工作。驻地监理服从各级指挥部和建设方指派的监理机构和人员的管理。

社会监理完全从属于建设方。这种混合型监理模式从根本上讲与工程建设监理的本质内涵不同，监理方不具备FIDIC合同条款所规定的独立性、公正性。在很大程度上仍然体现建设方自行管理工程的模式。由于建设方的现场管理人员（指挥部人员）及其所派监理人员大都并非专业监理人员，有些只不过是一般行政人员，往往不能严格按合同文件（含技术规范）办事，因而监理的科学化、规范化就难以做到这种模式之所以普遍存在，究其根源主要有：

（1）建设方对工程建设监理制的认识有偏差。监理方式的采用一般由建设方决定。受计划经济的影响，他们习惯于亲自出马，不愿"大权旁落"，尤其不能将费用、进度监控等权力委托出去；认为社会监理人员毕竟是"外人"，是"雇员"，是技术人员，只能执行领导的决定、指示，不能接受建设方、承包方、监理方"三足鼎立"的局面；认为社会监理不能独立执行监理业务，必须加强监督，因而必须直接参与现场管理。

（2）业主项目法人责任制未积极有效地落实。在市场经济体制下，业主应当是独立自主的项目法人，拥有建设管理权力，对工程的功能、质量、进度和投资负责。但许多地方并没有积极推行业主项目法人责任制，或没有给"业主"下放建设管理的全部权力。这样的"业主"当然责任不大，因而，他并非觉得需要将工程项目建设委托社会监理单位实施监理。但为了立项，又不得不遵照有关规定委托监理，于是便采取混合型监理模式。

（3）建设方还不习惯利用高智能密集、专业化的咨询服务，不适应社会分工越来越细的要求。

（4）监理人员综合水平还不高。监理人员应具有扎实的理论基础和丰富的施工管理经验，既有深厚的技术知识，又有相应的经济、法律知识，善于进行合同管理。

　　然而，现阶段监理人员的综合水平还不高，信誉、地位也不高。目前，监理人员的一个共同弱点是都比较缺乏合同管理、组织协调的能力。综合水平不高决定着他们在一定的程度上不具备全方位、全过程监理并成为工程活动核心的能力，不能够完全让建设方放心。混合型监理模式在计划经济向社会主义市场经济转变过程中，在推行社会监理制的初期阶段有一定的必然性和必要性。首先，当前社会监理单位的实力、监理人员的素质、合同、法律意识、组织协调能力、控制工程行为的水平与工程建设监理制度的要求还有很大差距。承包人对其接受程度、信任程度还不十分高。

　　在这种情况下采取混合型的监理模式，建设方在一定程度上介入现场管理或部分地进行监理，给社会监理以必要的适当的支持，可部分弥补社会监理本身的不足，若操作得当，将有利于树立监理人员的权威。其次，虽然总监办公室、总监代表处由建设方组建，只要给予他们相对的独立性，与社会监理单位组建的驻地监理办公室在职能与分工上明确，并在一定程度上形成整体，作为独立的第三方，也比较容易与建设方沟通。

　　这种监理模式具有明显的弊端：第一，与现行法规不符。交通部《公路工程施工监理办法》第八条规定：承担公路工程施工监理业务的单位，必须是经交通主管部门审批，取得公路工程施工监理资格证书、具有法人资格的监理组织，按批准的资质等级承担相应的监理业绩。总监（或其代表）也并不属于哪家具有法人资格的社会监理单位。同时，国家计委〔计建设673号文〕《关于实行建设项目法人责任制的暂行规定》第八条规定：项目法人组织要精干。建设监理工作要充分发挥咨询、监理、会计和律师事务所等各类社会中介组织的作用。这不仅肯定了中介组织的作用，而且明确了项目法人组织运作的原则。第二，不利于提高项目管理水平。据了解，目前很多的总监办（或代表处）的工作人员，是建设方临时从各地方、各部门抽调组建的，他们有的来自区、县养路部门，有的甚至第一次接触FIDIC条款，由他们组成上级监理机构来领导专业化的社会监理单位派出的机构，是不能够充分发挥社会监理单位在"三控两管一协调"方面较成熟、较丰富经验的专业化水平。将社会监理人员降低为一般施工监督员，无法在合同管理上发挥其应有作用，项目管理水平也无法向高层次发展。《京津塘高速公路工程监理》开篇第一句便总结道："遵循国际惯例的工程监理，重要的一点就是要确立监理工程师在项目管理中的核心地位"。FIDIC监理模式是一个严密的体系，三大控制是一个有机整体，相辅相成。只委托质量监理，实际上是很难控制质量的。这种模式也不利于建设方从具体的事务中解脱出来，进而将重点放在为项目顺利进行创造条件、资金筹措、协调关系，以及对项目实施进行宏观控制上来。第三，职责不清。这种模式的监理机构是由两个性质不同的单位组建的，一方是建设方，另一方是社会监理单位。他们在业务上又是从属关系或交叉关系，一旦有失，无法追究法律责任，即便是道义责任，也会由于互相依赖、互相推诿而难以分清。除非是明显的个人失误。第四，权力分散。层次一多，权力便分散。不能政出一家，特别是意见不统一时，往往造成内耗，承包人也无所适从，有时还易于让承包人钻空子。第五，效率低。混合型的监理模式在很大程度上破坏了监理工程师作为独立公正的第三方的身份，使监理工作本身的关系复杂化。缺乏一致性，手续增多，造成办事效率不高。而在施工过程中随时都有新情况、新问题出现，它们亟须得到及时处理，否则将贻误时机，影响工程进展，对承包人也是不利的。第六，不利于将社会监理进一步推向市场。这种模式不利于建立一个真正由建设方、承包方、监理方三元主体的管理体制和以合同为纽带，以建设法规为准则，以三大控制为目标的社会化、专业化、科学化、开放型管理工程的新格局。

在深度和广度上制约了社会监理单位的权力和管理水平的提高，也阻碍了我国工程建设与国际接轨的进程。鉴于目前建设市场正逐步趋向成熟，社会监理已有相当的经验，市场法规也比较配套，为更有力、更全面地推行工程建设监理体制，建议：

（1）摆脱行政手段管理工程的模式，放手让监理工作。不再采用计划经济时期沿用的、以政府官员为首的工程指挥部的管理模式，也不设立以政府官员或业主人员为首的总监及相应机构。还监理权于合格的社会监理单位及其派出的机构和人员，使社会监理单位及其工程师充分负起合同规定的责任，享有合同规定的职权。充分利用其独立性和公正性，以合同及有关法规制约承包人和监理工程师，业主也同时受到相应的约束。运用法律、经济手段管理工程，保证合同规定的工期、质量、费用的全面实现。完善招投标制度，全面落实项目法人制度，完善合同文件，提高各方的合同意识、法律意识。

（2）维护合同文件的法律性。建设方要求保质（或优质）、按期（或提前）完成工程，这是正常的，但应当在招标文件中考虑进去，在签合同时就把意图作为正式要求写进合同文件，规定相应制约或奖惩条款，并在施工过程中严格执行，没有必要另行采取行政手段，在合同之外下达各种指令。应当指出，在施工中，在合同之外由建设方单方面另行颁发的惩罚办法是无法律效力的；提出高于合同文件的质量要求或提前工期，未经承包人同意，在法律上也是无效的；即使同意，承包人也有权提出相应的补偿。这样便增加了监理工作的难度，有时还使监理处于非常尴尬的境地。

（3）在选择监理单位时，对监理人员素质的要求宜从高、从严。在签订监理服务协议书时，既要给予监理工程师以充分的权力，也要规定有效的制约措施；在监理服务费上不要扣得太紧，保证监理人员享有比较优厚的待遇，有较强的检测手段，同时也使监理单位有较好的经济效益，具有向高层次、高水平发展的财力。避免监理人员"滥竽充数"，监理单位"薄利多销"。消除无资格、越级承担监理业务现象。

（4）建设方应充分发挥自己的宏观调控作用。工程建设是一个复杂的过程，涉及工程技术、科学管理、施工安全、环境保护、经济法律等一系列问题，因此建设方的项目管理人员对项目建设职能进行宏观调控，保留重大事项的审批权（如重大的工程变更、影响较大地暂停施工、返工、复工、合同变更等），对于日常的监理工作，不宜直接介入，只对监理行为进行监督，支持监理工程师的工作。注意工作方法，在遇到工程中的缺陷时不宜不分青红皂白，对监理工程师和承包人"各打五十大板"。要明确承包人对工程质量等负有全部法律和经济的责任。对工程施工的有关指示，一般应通过监理工程师下达，纯属建设方职能的除外。保护监理工程师，只有对于监理工程师的错误指示和故意延误，才依照监理协议使其承担责任。当监理工程师的权威性受到影响时，应出面支持其正确决定，使监理工程师真正成为施工现场的核心，而不要人为地制造多中心。

（5）合理的委托监理业务。在目前情况下，可委托资质高的社会监理单位总承担全部监理业务，对于其中的某些专业性很强的工作（例如交通工程设施等），可允许其再委托另外的社会监理单位承担（征得建设方的同意）；也可委托若干个社会监理单位分别承担设计、施工等阶段的监理业务。

二、监理工程师的责任风险与防范机制

由于监理工程师本身专业技能水平的不同，在同样的工作范围及权限内，不同水平的监理工程师所提供的咨询服务质量会有很大差别。监理工

师的专业技能差别表现在两个方面：一是专业技术水平与工程实践的差别；二是本身工作协调能力的差别。监理工程师的工作能力在很大程度上体现在协调方面，即协调参与工程建设的各方技术力量，使其能力得到最大程度的发挥。同样的工作可能做得很认真，也可能做得较为马虎。工作成效的好坏与自身的主观能动性有关，很难用定量指标去衡量。监理工程师的主观能动性主要来自自我约束以及业主的支持，业主与监理工程师的相互信任与诚意，会大大激发监理工程师的主观能动性。监理的服务质量与水平最终是由监理机构的整体服务来体现的，是多专业配合协调的技术服务，其中总监对监理机构内部的领导组织与协调水平至关重要。只有在监理机构内部设立了人员职责分工明确、沟通渠道有效的管理模式，只有整个监理机构有效地运行，监理效果才能体现出来。监理工程师工作的对象和内容客观上决定了监理工程师需要担负非常大的责任。因为工程项目投资巨大，和社会公众的切身利益密切相关，一旦发生危害，就会造成巨大的财产损失和人员伤亡等重大事故。

此外，工程质量的好坏和造价的高低以及建设周期的长短都和社会公众利益密切相关。随着社会的进步和公民法律意识的增强，监理工程师承担的法律责任也在逐步增加。从上述监理工作的特征可以看出，监理工程师承担的责任风险可归纳为：行为责任风险、工作技能风险、技术资源风险、管理风险、社会环境风险。行为责任风险来自三个方面：一是监理工程师超出业主委托的工作范围，从事了自身职责外的工作，并造成了工作上的损失；二是监理工程师未能正确地履行合同中规定的职责，在工作中因失职行为造成损失；三是监理工程师由于主观上的无意行为未能严格履行职责并造成了损失。由于监理工程师在某些方面工作技能的不足，尽管履行了合同中业主委托的职责，实际上并未发现本该发现的问题和隐患。现代工程技术日新月异，新材料、新工艺层出不穷，并不是每一位监理工程师都能及时准确全面地掌握所有的相关知识和技能的，无法完全避免这一类风险的发生。即使监理工程师在工作中没有行为上的过错，仍然有可能承受一些风险。例如在混凝土浇筑的施工过程中，监理工程师按照正常的程序和方法，对施工过程进行了检查和监督，并未发现任何问题，但仍有可能在某些部位因震捣不够留有缺陷。这些问题可能在施工过程中无法发现，甚至在今后相当长的时间内也无法发现。众所周知，某些工程上质量隐患的暴露需要一定的时间和诱因，利用现有的技术手段和方法，并不可能保证所有问题都能及时发现。同时，由于人力、财力和技术资源的限制，监理无法对施工过程的所有部位、所有环节的问题都能及时进行全面细致的检查发现，必然需要面对某一方面的风险。明确的管理目标，合理的组织机构，细致的职责分工，有效的约束机制，是监理组织管理的基本保证。如果管理机制不健全，即使有高素质的人才，也会出现这样或那样的问题。我国加入世界贸易组织后，监理工作与国际接轨，通过市场手段来转移监理工作的责任风险势在必行。监理工程师因自身工作疏忽或过失造成合同对方或其第三方的损失而承担的赔偿责任投保，赔偿损失由保险公司支付，索赔的处理过程由保险公司来负责。这在国际上是一种通行的做法，对保障业主及监理工程师的利益起到了很好的作用。然而就现阶段而言，监理工雇师必须对监理责任风险有一个全面清醒的认识，在监理服务中认真负责，积极进取，谨慎工作，以期有效地消除与防范面临的责任风险。

三、监理企业体制转轨与机制转换

监理企业的体制转轨和机制转换是一个久议未决而又迫切需要解决的重

大问题。因为，监理行业的兴衰存亡取决于监理企业是否兴旺发达，目前行业脆弱的原因正是源于大量的监理企业尚未成为独立的市场竞争主体和法人实体。按照保守的估计，全国约80%以上的监理企业依附于政府、协会、高等院校、科研院所、勘察设计等单位，这些监理企业作为其"第三产业"或附属物，其生存发展取决于母体的意志，母体单位以行政管理方式调控监理企业的经营管理，导致监理企业缺乏自主经营、自负盈亏、自我积累和自我发展的能力。如：某地一家监理企业经营规模名列全国前茅，职工总数1000人，年创监理合同收入达8000万元，但他们的经营者却无法自主经营、无权调动职工、无权分配利润，不仅使监理企业经营者和广大员工积极性受到挫伤，而且造成监理企业始终无法摆脱浅层次、低水平徘徊的尴尬局面。监理企业摆脱困境的根本出路在于改革。监理企业的改革可以分两步走：首先是摆脱母体的羁绊，独立行使民事权利并履行相应的民事责任，成为市场竞争主体和法人实体；其次是积极进行企业的体制转轨和机制转换，加大产权制度改革力度，积极探索建立现代企业制度途径和方式，建立与市场经济宏展相适应的企业经营机制。

积极支持企业主管部门与所属监理企业彻底脱钩，按照各自的定位和职能各司其职；政府或企业主管单位作为企业出资人的，要通过出资人代表，按照法定程序对所投资企业实施产权管理，而不是依靠行政权力对企业日常经营活动、对企业经营管理人员的任免进行干预；政府部门要转变传统的管理方式，对不同所有制企业一视同仁；要由微观管理转向宏观调控，直接管理转向间接管理，将管不了管不好的还权于企业或交由其他建筑中介服务机构承办。按照国家所有、分级管理、授权经营、分工监督的原则，实行国有资产行政管理职能与国有资产经营职能的分离。国有资产管理与运营体系可按国有资产管理委员会—国有资产经营机构—国有资本投资的企业的模式进行改革。国有资产管理机构专司国有资产行政管理职能。监理企业母公司经国有资产管理委员会授权，成为国有资产经营主体，并代表政府履行授权范围内的国有资产所有者职能，监督其国有资产投资的监理企业负责国有资产的保值和增值。监理企业要在清产核资、界定产权、明确产权归属基础上，明确所有资本的出资人和出资人代表，出资人以投入企业的资本为限，承担有限责任，并依股权比例享有所有者的资产受益、重大决策和选择管理者等权利，不得直接干预企业的生产经营活动。监理企业享有出资者投资形成的全部企业法人财产权，依法享有资产占有、支配、使用和处分权，建立健全企业的激励机制和约束机制。加强对国有资产运营和企业财务状况的监督稽查。要努力提高资本营运效率、保证投资者权益不受侵害，保证国有资产保值、增值。

第四章　建筑工程风险管理

本章的主要内容是建筑工程风险管理，主要介绍了两个方面的内容，分别是风险管理概述以及建筑工程风险管理措施。期望能够通过作者的讲解，提升大家对相关方面知识的掌握。

第一节　风险管理概述

一、风险评价理论

风险识别的目的是找出可能影响实现工程项目目标的风，识的成果是风险清单，对于风险清单中的各种风险素，还需要对其进行评价，分析其对实现项目目标影响度的大小，以明确风险管理的主要因素，哪些是重点风险，哪些是次要风险，以便有重点地对风险制订应对计别，从面实施有发的风险控制。因此，风险评价是风险管理的重要环节。

（一）风险评价的概念

通常意义的风险评价是指集团企业相关管理人员对当前或潜在风险进行甄别，基于日趋完善的风险评估模型，全方位地分析研究项目此时可能存在的各种风险，然后根据风险影响程度的大小进行等级划分，从而归纳出项目全流程中的风险整体水平以及不同风险因素之间的相互作用关系，进一步掌握项目主体对风险承受能力等信息的过程。

（二）风险评价的目的

第一，辨别各类风险的影响因子，进行从大到小的划分

基于事实全面的评估项目开展过程中的各类风险，并将其对项目目标影响程度的大小作为排序的参考依据，从而确定出不同风险的优先级，这也是后续风险管控的重要依据。

第二，确定风险事件之间的内在联系

工程项目施工过程中的多种不同因素之间可能无法从表面上观察到内在联系，但是通过深入分析可以看出不同事件之间可能来源于同一个风险源。风险评价就是从整体角度来厘清不同类别风险存在着怎样的关系，从而制定出符合实际情况的相关计划。

第三，明确风险相互转化的条件

在对不同风险之间相互转换条件进行全面分析的基础上，才有可能将部分风险转换为机会，比如，承包商对于工程项目普遍采用的是总承包模式，这种模式比传统的承包模式具有更大的不可预测性风险，当然，如果总承包商可以将一些不熟悉的子项目分销给更具有专业经验的施工队伍，那么可以实现风险转移的目的，并获取更多的利润回报。但是，需要指出的是，这种

将"风险"转化为"机会"的过程是建立在特定条件的前提下，否则可能带来更大的"威胁"。

第四，量化风险发生概率和后果

对于风险发生概率及后果的准确量化有助于提高风险发生的可预测性。利用合理的风险评价，当发现原评价和现状存在较大差异时，可根据工程项目进展情况，重新评价风险发生的概率和可能的后果损失。纠正评价偏差，缩小评价与实际的差距。

二、风险应对理论

风险管理还涉及另一关键环节，即风险应对，它指的是在对风险进行有效识别和评价的前提下，利用风险性质、决策主体等一系列参考制定出一系列针对性地解决计划，同时可以利用回避、转移等方式实现风险的有效控制，最大限度地避免风险所带来的经济损失。风险应对计划的制定过程中需要满足以下几个基本原则：

（一）适配原则

风险应对的适配原则是指风险应对必须与风险重要性相适应和匹配。因此，风险应对需要与不同项目的差异化风险因素特征、风险发生的可能性等相适应。换言之，承包商需要根据项目的不同、项目风险的不同，以及自身实际能力的区别，因地制宜地做出风险预案。举个例子一个建设工程合同约定的交付时间临近，然而前期误判了施工能力导致了延期，针对此类项目就应该采取积极的进度风险预防策略，如果选择其他应对策略，则是不适配的。对工期延误的风险预防措施可以对影响工期的潜在威胁提前规避，策划合理的项目实施方案，可以在最大程度上减小工期发生延误的概率。最后在和承包商协议签署时要最大程度避免延误工期责任的过度限制，这样有助于规避相应的违约风险网。

（二）成本效益原则

成本效益推测在新时代项目进程中无比的重要。其在大多数情况下指的是在项目开展过程中需要从"投入"与"产出"的对比分析角度来判定成本是否具有可执行性。其核心指标是收入与成本的比值，大多数情况下项目收益与此项比值之间呈现正相关关系。评估项目是否值得开展的标准是收入是否大于促成此项目立项的成本支出预期，当项目成本带来的产出效益超出了成本，则意味着成本具有效益性。反之，则说明成本的发生不具有合理性。

三、风险监控理论

（一）风险监控的内涵

风险监控指的是针对项目的全过程进行监管控制，在划分、识别和应对风险全过程中进行监视与控制，从而能够保证风险管理达到预期目标。具体来讲，风险监控是对识别后的风险以及待观察的风险进行实时追踪，对新生风险进行识别，将其和现有风险进行分析规划，针对残余的风险进行监测，重点监管触发风险的因素，制定应对风险的策略实施，然后针对实施效果进行评估的一系列过程。

风险监控的两层含义有两种，即风险监督和风险控制。其中，风险监督有监视、监测和监察之意，即对工程项目的整个过程或某一特定环节的风险进行监视、督促和管理，使其结果达到预定的目标。风险控制的目的就是为了减少风险出现的次数，降低风险带来的影响，通过制定风险控制策略将其落实在项目中，进而达到上述目标，帮助项目组织及时应对风险，避免出现风险，减少已存在的水平业的人员盲目风险因素，从而防止风险事故的发生。

（二）风险监控的目标

风险监控的目标表现在以下几方面：

第一，对识别过的风险及时进行跟踪度量。对项目风险进行监控必须达到的目的就是为了准确把握原有风险的现状以及发展趋势，分析原有假设是否仍然成立？已识别的风险是否发生变化，其呈现何种发展动向？对风险进行跟踪时，是否将既定的方针和流程作为依据？对费用进度应急储备进行修改，并试图追溯多种风险在整个项目中的真正起源。

第二，及早识别和度量项目的新风险。工程项目风险具有潜伏性、多变性，在施工过程中，不断会有新的风险出现，开展风险监控工作，能够及时识别新生风险，快速掌握其特点，并制定新风险应对预案。在风险监控中，新风险识别和度量属于第二个目标。

第三，防止发生风险，危害项目。其属于第三个目标，通过对项目进行风险监控，能够根据已识别风险的特征制定相应的策略，积极应对风险，进而快速控制风险，避免其出现，确保项目能够正常开展。

第四，尽最大努力，积极消除已经发生的危害，将损失与影响降到最低。只要是在建的项目就肯定会存在大量潜在的未知风险，可规避的仅仅只是一部分，其余风险最终还是会发生，此时进行风险监控的目的就是为了减轻风险产生的危害。

第五，对风险管理经验进行总结，并吸取教训。其属于第五个目标，已经发生并产生结果的风险，必须总结风险管理的经验，并对其中的教训进行吸取，防止在后续项目中出现同样的风险。

四、风险评价指标体系构建原则

应把风险评价体系的构建当作首要任务，尤其是确定科学完善的指标，这是非常重要的，因为这可以辅助各类公司研判各类风险对其真实情况一一识别，并展开深入分析，其简单的功能可以提高风险评价的精准性和有效性，是风险评价实施中的核心要点。综上所述，构建风险评价体系，并确定指标一定要依据本章节的五项基本原则。

（一）科学性原则

建立评价指标体系的首要条件就是符合科学性原则，包括三个方面：首先，指标体系的设计必须与项目的客观性质和实际情况相匹配。第二，建立适当的指标并对指标量度、权重以及计算方法等进行明确，而这些通常都是基于统计资料和学术理论基础；第三，海外工程项目必须选择项目所在国颁布的相关标准指标，这样的评价体系可以保证风险的客观性和真实性。

（二）可操作性原则

智能建筑工程在建立了完整科学的风险评价指标体系后，还要评估该体系能否运用到实际项目中，也就是在实现体系可操作性的基础上，将指标适用于项目需要收集的资料。同时，指标体系一定要基于真实情况实事求是。

所以在完成构建整个流程体系时，必须关注预期的指标往往具有很强的代表性，计算方法易于理解，尤其是指标体系是一个简单、平衡、统一的整体。

（三）系统性原则

在确定智能建筑项目风险评价指标时，需要注意指标与评价内容的协调性。一般来说，项目的风险评价指标体系是一个综合性的风险评价体系。因此，有必要综合考虑能够反映影响项目目标实现的各个方面的风险因素，以确保关键指标之间的联系，并为这些因素分配适当的权重。

（四）成本效益原则

一般来说，风险管理者在建立评价指标体系时，即使某一指标有特定目的，但要获取这一指标收集有关数据所花费的成本较大，使用它的收益和成本是不对称的，或者该指标不适用于整个评价模式，因此应该拒绝该指标并选择另一个替代指标。

第二节　建筑工程风险管理措施

一、施工安全风险应对原则

建筑工程实施过程中，施工安全风险常伴左右，建筑工程的施工必然会产生施工安全风险。怎样管理施工安全风险，如何加以应对是风险管理工作的关键。对于施工安全风险，总的应对原则就是要减少大的风险发生概率和其造成的损失，从而使其化解为小的风险，小的风险则尽可能防止其发生。根据前人的总结，风险应对策略可以概括为以下几种方法，分别是减轻风险、预防风险、回避风险、转移风险、接受风险、储备风险。针对不同的施工安全风险因素应采取其中一种或几种不同的风险策略予以应对。

在实际具体操作上，要根据内部和外部条件来制定施工安全风险的应对措施。首先要明确自身的实力，要能够利用自身的长处，去规避自身的短处。其次应当了解外部资源的分布情况，哪些是能够加以利用的，哪些对施工安全风险应对可以起到作用。在充分掌握这些情报的前提下，才能提出切实可行的管理对策。

二、建筑工程施工安全风险管理对策

（一）提高安全意识

针对安全意识风险因素，可以采取预防风险的策略，发挥其人才优势，集思广益，弥补该工程项目部工作程序和奖惩制度上的缺陷，从而提高安全管理认识。

1.完善工作机制

部分建筑工程管理层安全意识存在偏差的其中一个原因是工程任务繁重，主要风险和次要风险重视程度失衡。这一问题的出现，其根本原因，还是由于管理人员的精力和时间不足。怎样减少重复工作，避免非必要工作投入过多精力，抢占管理人员有限的精力和时间是必须考虑的。

对施工安全风险管理的工作内容进行梳理，并将各项工作内容整理成工作清单，明确哪些是施工安全风险管理人员的本职工作，哪些则不是，减少不必要工作的处理时间，将更多的精力放在本职工作上。对于各项本职工作，还应该将其分解，形成工作流程。每一个工作任务都是由各个小的工作动作所组成，将所有工作动作拣选出来形成工作线路，并找出其中的关键动作节点。然后对每项动作节点的资源消耗进行盘点，尤其是关键节点的统计。最后总结出各项工作自身的工作流程及其重要节点，并将工作与工作之间进行比较，判断出哪些工作的重要程度更高。将其和平时工作中的精力分布进行对比，就可以避免管理人员在精力和时间上的错误投放，盲目地加重自身负担，也可以提高工作效率，防止重复工作的发生。当然对于已经做得很好且无需再投入过多精力的工作，可以将一部分的资源放在还有缺漏的工作之中，这样就可以平衡管理人员的时间和精力。通过这几个方面的努力，可以使管理人员从整体上了解本职工作，更加清晰地掌握每天的任务完成情况，从而掌控全局，提高安全认识。

2.健全奖惩制度

安全意识存在偏差的另一个原因是激励制度措施不健全。部分工程项目部奖惩制度发现，项目部在工作激励方面制定了奖惩制度，但其中内容比较简单，大部分条款都是在对如何处罚下属劳务部门和工人的过错进行解释，而奖励的条款相对很少且内容很笼统，对管理人员的奖惩描述就更少了。而且其中只在处罚条款中明确了罚款金额，奖励条款中却未做规定。这些情况阻碍了项目部管理人员积极参与提高施工安全风险管理水平的热情。所以要对现有的奖惩制度进行优化，增加管理人员的奖惩条目，并细化其中的内容。首先应明确，做好施工安全风险管理工作不只是整个团队的责任，更加关系到每个管理人员自身的利益。改变以前所有的利益归集体的思想，将奖惩措施从原来的集体奖励逐步细化到个人，奖励和处罚都明确规定方式和数额。调整只有消极型的奖励，增加鼓励型的奖励，以往只要不犯过错就可以得到嘉奖的措施过于被动，应调动管理人员的主观能动性，奖励工作做得好的管理人员，使其能够得到更多的好处，并将其作为模范代表向所有人宣传。以上激励措施的改变，可以更好地提高管理人员的安全认识，更充分地发挥管理人员的才干，做到人尽其才。

（二）健全管理组织

1.强化日常监管

部分工程施工安全管理制度未能完全落实。部分项目在落实相关制度的时候表现不佳，归其原因，一个比较明显的事实就是对管理制度落实情况的监督出现了问题。大多数公司有较为完善的组织机构，应当有效发挥其监管作用。管理制度是否落实不能单纯依靠制度执行者的自觉，监管部门的有效监督起着重要作用。如果项目缺少监管，那么落实制度的人员并不会主动发现自身的不足。所以要加强日常对相关制度落实情况的监察。项目部施工安全风险管理人员是制度的落实主体，项目经理和母公司的管理层是监督制度落实情况的上级部门。项目经理应增加平时的巡视次数，同时端正监督态度，使监督不流于形式，并将巡视结果形成记录，定期公示，用以日后绩效考核。积极配合母公司管理人员的视察，及时弥补管理制度落实方面的缺陷。还可以主动邀请负有相关安全监督管理职能的政府部门对项目的施工安全风险管理状况进行指导。通过这些可以绷紧项目部管理人员落实安全风险管理制度的心弦，提高重视程度。

2.增加安全管理人员

正常情况下，在工程项目施工安全管理人员的配备上应该不会出现问题，但部分项目的施工安全管理人员人数相对于工程施工总面积明显不足。

增加的途径可以有多种。首先，直接增加管理人员。但从该项目实际情况来看，这种方式增加的数量可能有限。所以可以将所有管理工作进行一定的分工，比如将施工安全风险管理的工作分成内业与外业，设立专职安全档案和机械设备管理人员等。这样，工作任务不仅条理明晰，还可以使每一个管理人员所管理的工作内容大幅缩减，集中精力做好自己的工作，缩短工作时间，变相增加人手。其次，要求各分包单位加强本部的施工安全风险管理工作，设立专职施工安全风险管理人员，增加施工现场管理人员数量，分担相关工作。同时积极鼓励并创造条件，让普通员工通过培训考试的方法取得相应证书，获取管理资格。还可以定期或不定期聘请专家或专业公司到本项目进行评价指导，帮助查缺补漏，起到辅助作用。

（三）加强教育培训

针对教育培训风险因素，可以采取预防风险和储备风险的策略。

1.多种方式提高施工人员教育培训水平

提高施工人员的培训教育水平是改善施工安全风险管理水平的当务之急。部分工程实施过程中，由于受到现阶段行业整体人员短缺的影响，大部分工人都是短期工人，致使工人教育培训难度增大。针对这一问题，首先，不能放松进场工人的三级安全教育和作业前的安全技术交底工作，不仅不能放松，还应该更加重视。其次，要增加每天作业前的班组班前安全作业教育。因为每一天的班组成员都有可能发生变化，所以每天的班前安全作业教育就尤为必要。且班前安全作业教育的内容不应照本宣科，讲一些枯燥难懂的技术标准，而是应该根据公司多年的建筑工程经验总结出施工现场作业经常发生、容易发生、后果严重的一些安全注意事项，以一种通俗易懂的方式告知工人，使其能够一听就懂。这样可以让工人更加容易且愿意接受，对提到的安全问题也会更加重视。当然，班前会不一定非得管理人员参加，这会严重挤占管理人员的时间，可以交给每个班组的组长代为宣讲，同时让其留下影像或文字资料，起到监督作用。再者，可以在现场设置安全教育培训体验区。体验区内配置安全防护用品体验、消防器材演示体验、洞口坠落体验等体验装置，对所有现场施工人员开放体验。这种有趣生动的现实体验可以很好地吸引工人的兴趣，促使其主动接受安全事故教育警示，从心理上转变对施工安全风险的轻视，实现教育培训的目的。另外，应加强施工安全风险管理工作的技术更新。目前国内已经有很多地区实现了施工现场的电子信息化管理，本地区也有可以参考的实例，比如有的工程安装了三级教育一体化设备，可以使作业人员的个人信息及其培训教育工作从平时庞杂的文案中解脱出来，实现信息电子化，减少管理人员的劳动强度和工作时间。这种设备总体上并不昂贵，可以花很少的资金解决很大的管理问题，是未来建筑工地安全风险管理的趋势。

2.提高施工安全风险管理人员自身素质

工程施工安全风险管理人员的培训也同样重要。部分工程存在的管理技术不足、违反规范标准等现象可以在短时间内得到解决。（1）加强管理人员责任制落实情况的监督，配合更加有效的奖惩制度能够起到很好的改善效果。（2）调整管理人员的搭配，尽量使技术能力相对强的人和技术能力相对较弱的人一起工作，起到帮传带的作用。（3）利用冬季歇工的时间，为管理人员安排讲座等培训活动，系统学习有关业务知识，增强业务能力。（4）建立专门的专业知识图书阅览室。很多企业都忽视了为员工提供获取专业知识的途径，建立图书室可以很好地帮助管理人员在遇到管理问题时，方便及时查阅解决。这种图书室费用并不高，作用却很大，大部分管理人员很难做到每个人都拥有比较完整的技术知识资料，只要将最新的相关技术规范标准补充齐全即可让项目所有人员受益。

（四）改善施工环境

针对施工环境风险因素，可以采取减轻风险、储备风险和转移风险的策略。

1.积极应对扬尘污染

场地环境的改善应引起项目部足够的重视。部分工程施工安全环境中的一个短板是场地环境差，这是客观事实，从工程动工之前就已经经存在。但这并不能成为项目部不执行政府有关规定的借口，相反应该更加积极采取措施加以应对。项目部在此问题上采取了消极应对的错误方式，应该予以改变。一方面，要组织管理人员深入理解相关环保文件的政策要求，做到精准实施，有的放矢。例如在扬尘管理文件中要求对场地内的裸露土地进行覆盖，主要进出大门口要有洗车设备。裸露土地的覆盖有多种方式，可以是混凝土覆盖，也可以是防尘网覆盖，还可以采用石子覆盖，对于不同的部位应采取不同的应对方法。洗车设备也有选择的余地，可以购买专门用于洗车的刷车机，也可以使用相对简易的车辆冲洗设备。采用每一种措施都是积极应对场地环境差的方案，可以邀请相关执法部门对项目场地的实际情况进行了解，帮助项目部找出最适合该工程的方案，做到既经济又有效。另一方面，项目部要努力争取自身的合法权益。根据《房屋建筑工程施工现场扬尘污染防治管理办法》的规定，建设单位向施工单位支付的工程款项中应当包含防治扬尘污染所需的费用。项目部应当积极敦促建设单位按照文件规定履行相应的职责，当然在沟通不畅时，也可以邀请政府相关部门对此进行调解。一则可以争取到更多的资金来改善现场施工环境，另外也可以转移场区环境改善效果不利的矛盾。项目部同时也应将所需资金向公司进行申报，做好资金储备，以防临时检查等应急情况的发生。通过上述措施不仅可以提升场地环境，也可以大幅改善地区政策应对不足的现状，为避免行政处罚留有余地。

2.做好安全防护措施成品保护

部分工程施工安全环境上的另一个短板是安全防护设施状态不好。部分工程前期都很好，后期会出现问题。出现的后期状态不佳主要来自安全防护设施的保护不足和破坏后未能及时修复。这种问题出现的根源还是来自作业人员的责任心不强，对安全防护设施并不爱护，在影响作业的情况下移除设施后不能及时进行恢复，甚至对破坏的设施置之不理。针对这种情况，应加强基层施工人员的管理，加深作业人员对施工安全责任的认识。可以以班组为单位，班组长为负责人，对每天作业区域的安全防护设施负责维保。管理人员对各个区域每天的作业班组进行统计，要求每个班组对结束工作的区域留取完好安全防护设施的影像资料。如果管理人员在巡视检查中发现安全防护设施有损坏的情况，将直接对在该区域设施维保不力的班组进行处罚。同时也可以鼓励班组与班组之间相互监督，对举报破坏防护设施行为的人员给予奖励，对破坏设施的人员予以处罚。这样既能够调动一线作业人员的主观能动性，也可以减少管理人员巡视现场的次数和时间。在做好安全防护措施的同时，也应及时为每一位进场施工的工人购买保险，构筑最后一道防线，防范意外的发生。建筑工程施工人员的保险实行的是按项目投保，无论该工程施工人员有多少，施工单位投入的保险资金都一样。这大大降低了施工单位对现场施工人员投保的阻力，能够在很大程度上减少项目损失。

三、建筑工程施工安全风险管理实施保障

（一）采用PDCA循环方法持续改进施工安全风险管理水平

建筑工程施工安全状态全程都在动态变化，项目管理人员面对的安全风险管理问题时刻都在改变。不同的施工阶段，不同的施工场景，施工安全风险的管理方式和侧重点应当随之变化。应用PDCA循环理论可以经常对工程项目管理的实时状态进行检查并予以改进。首先对工程目前存在的风险分析，并提出应对措施，然后将计划付诸实践。在实施的过程中不断检查应对措施是否能够真正解决工程现有问题，在措施的执行过程中还存在哪些纰漏，是否有新的安全风险出现。针对检查发现的对策漏洞重新采用分析方法进行分析，继续改进，迭代应对措施，封堵管理漏洞，并形成经验总结。只有不断地动态调节，自我改进，工程施工安全风险才能始终处于可控状态。

（二）和上级部门勤加沟通

建筑工程施工安全风险管理对策中的许多措施都需要公司的支持，公司上级部门的支持与否，很大程度上决定了该工程目标能否实现。很多风险的出现都是因为沟通不足导致的。所以，工程项目部管理人员要多和母公司的上级管理部门进行沟通，使其在工程的实施过程中给予更多的支持。同时项目在实施过程中难免要和政府的管理部门接触，能够更加准确和及时地了解相关最新政策，对项目的施工也起到重要作用。所以，也应多和当地政府主管部门进行沟通，适当的时候请其为本工程的实施提供合理建议，帮助项目少走弯路。

（三）团结工程项目管理团队

建筑工程施工安全风险管理任务的达成是由项目部的管理人员具体实现的，管理人员的工作状态直接影响着工程任务的完成质量。建筑工程工期紧任务重，在人员不足的情况下又欠缺相应的激励机制，团队士气难免低落。而工程项目经理和施工安全风险管理负责人肩负着领导团队正常运作的职责，所以关心帮助下属员工是其日常工作不可遗漏的环节。应及时解决团队人员在工作中遇到的问题，疏解任务中出现的矛盾，使管理团队始终保持较高的工作热情，团结协作，积极完成工程任务。

参考文献

[1]张学杭，雷磊，赵兴雨.建筑工程管理与实务[M].ViserTechnologyPte. Ltd.:2023-02-09.

[2]欧阳效明.建筑工程项目智慧工地管理平台构建与评价研究[D].广东工业大学，2022.

[3]何子奇.建筑结构概念及体系[M].重庆大学出版社：,202112.271.

[4]王广山.国际工程项目中的人力资源管理研究[D].天津大学,2004.

[5]姚佩玲.M建筑公司工程项目绩效管理优化研究[D].广东工业大学，2021.

[6]周东平.H项目施工方成本管理成熟度研究[D].兰州交通大学，2021.

[7]彭丹丹.装配式建筑工程项目成本管理模式研究[D].吉林建筑大学，2020.

[8]李彬.沈阳市建筑工程管理问题及对策研究[D].沈阳建筑大学，2020.

[9]林环周.中国建筑A分公司工程项目管理团队研究[D].桂林电子科技大学，2019.

[10]陈淑珍，王妙灵，张玲玲，王浩.BIM建筑工程计量与计价实训[M].重庆大学出版社：,201908.419.

[11]李启明，邓小鹏，吴伟巍，袁竞峰.国际工程管理[M].南京东南大学出版社：,201905.444.

[12]陈林，费璇.建筑工程计量与计价[M].南京东南大学出版社：,201902.260.

[13]胡文斌.教育绿色建筑及工业建筑节能[M].云南大学出版社：,201901.111.

[14]林艺馨，詹耀裕.工业化建筑市场运营与策略[M].南京东南大学出版社：新型建筑工业化丛书，201811.165.

[15]王勇.建筑设备工程管理[M].重庆大学出版社：,201805.323.

[16]徐照.BIM技术与建筑能耗评价分析方法[M].南京东南大学出版社，201709.211.

[17]侯琴,罗中,杨斌,王国霞,李翠华.建筑材料与检测[M].重庆大学出版社:高等职业教育土建类专业项目式教材,201606.298.

[18]韦秋杰.建筑工程计量与计价实训教程[M].重庆大学出版社:广联达计量计价实训系列教程,201511.283.

[19]高峰.大型建设工程项目资源冲突机理及其管理方法研究[D].西安建筑科技大学,2014.

[20]吴迪.关于绿色建筑项目全生命周期管理的研究[D].吉林建筑大学,2014.

[21]李冰利.建筑工程项目施工工期与资源配置研究[D].清华大学,2009.